JN218350

地球と環境の
はなし

科学の眼で見る日常の疑問

稲場秀明 著

技報堂出版

書籍のコピー，スキャン，デジタル化等による複製は，
著作権法上での例外を除き禁じられています．

まえがき

　2018 年は，日本列島を大きな災害が次々に襲いました．6 月 18 日には，最大震度 6 弱を観測した大阪府北部地震が起こり，登校中の小学生がブロック塀の下敷きになり死亡しました．7 月 5 〜 8 日には，西日本を中心に広い範囲で記録的な豪雨が発生し，200 人を超える死者が出ました．8 月 28 〜 29 日には，台風 12 号が伊豆諸島付近から三重県に上陸，近畿・中国地方から瀬戸内海に抜け，福岡県に再上陸した「逆走台風」が襲いました．9 月 4 日には，台風 21 号が徳島県南部から関西地方を通過し，暴風と高潮による浸水で関西空港の機能が麻痺しました．9 月 6 日には，北海道胆振 (いぶり) 東部地震が起きて最大震度 7 を記録し，火力発電所の被災により北海道全域で停電が発生しました．

　このような異常気象とも思える現象は地球温暖化によるという説も有力です．人類が排出した二酸化炭素などの温室効果ガスの影響がこのような形で日本列島を襲ったと思えないこともありません．さらに，大阪府北部など思わぬところでの地震には改めて地震予知がほとんど不可能であると思わせられます．地震は地下深部のマントル対流が大元の原因で，プレート境界や断層で歪みがたまることで起こります．私たちが住んでいる日本も地球規模の環境問題や地球内部で起こっている現象と密接に関連していることを思わざるを得ません．

　一方，地球環境の歴史を見ると，今日起こっている環境変化をはるかに超える劇的な変化が起こりました．大陸の生成と分裂，氷河による全地球凍結と暖期における平均気温 25℃という暑さ，巨大な隕石の落下，スーパープルームによる火山の大爆発など生物が生きてゆく基盤を根底から揺るがすような変化が起こりました．そのため，絶滅した生物も多くありましたが，生き延びた生物の多くは環境変化に応じた進化を遂げました．

　恐竜の全盛時代に弱者であった原哺乳類は夜間に活動し，昆虫を捕食するため聴覚・嗅覚・触覚を統合し，大脳新皮質を獲得しました．さらに，心肺機能，恒温性，胎生，臼歯の発達と進化を遂げました．人類の祖先である初期原猿は地面と落ち葉の空間でネズミとの生存競争に負けて樹上に逃避した弱者でした．原猿は木の枝を飛び移るための四足の親指の発達，枝を掴むための指の対向性を獲得しました．人類は類人猿から派生し，直立二足歩行し，石器や火を利用して進化しました．そして，現生人類のホモ・サピエンスは，約 20 万年前のアフリカで生まれ，厳しい氷期の

気候にも適応して世界各地に生存領域を広げました．東方に向かったホモ・サピエンスはモンゴロイドと呼ばれています．日本人の祖先はモンゴロイドの一部が約3万年前ごろの氷期に海面が現在より約100m低い浅瀬を渡って，南西諸島，朝鮮半島，樺太の3方向から日本列島に到達したと考えられています．

　地球環境問題が提起される以前，私たちは地球が無限であるかのように思い込んでいました．しかし，私たちが当然のように使っている電気や自動車など生活の便利のために大量の化石燃料を燃やし，その結果大量の二酸化炭素や汚染物質を排出し，地球温暖化を招いていることに気づかされました．さらに，酸性雨，オゾン層の破壊，熱帯雨林の減少，砂漠化が進行し，有限である地球の環境が劣化していることを思い知らされます．これらの原因は主として人間活動によるもので，その結果，生物種の大量絶滅がかつてない速度で進行し，生物多様性が危機を迎えています．そのような危機を乗り越えるには，国家レベルのみならず，個人レベルでも環境意識を持った行動が求められます．2015年12月には温暖化防止に関する新しい枠組みのパリ協定が採択されましたが，2017年6月にアメリカのトランプ大統領が協定からの離脱を宣言しています．2018年にはフランスのマクロン政権が温暖化対策のため燃料税の値上げを計画しましたが，11月に各地で起こった暴動のため計画の撤回に追い込まれました．日本もパリ協定に参加していますが，その動きは鈍く，目標の達成は見通せていません．

　本書では，第1章で，地球がどのようにして生まれ，その環境がどのように変化したかを紹介します．第2章では，地球環境の変化に応じて生物がどのように生まれ，進化したかを紹介します．第3章と第5章では，地球の大気と水について述べ，それらがどのような原因で汚れてきているかを紹介します．第4章では，地球規模の環境問題を取り上げ，第6章では，自動車による環境問題を，第7章では，化石燃料使用による環境問題を，第8章では，新エネルギー使用による環境に与える影響を，第9章では，原発による環境問題を紹介します．第10章では，室内に限った環境問題を，第11章では，環境変化によってもたらされる災害について，第12章では，環境と食料生産との関係について紹介します．第13章では，環境変化による生物多様性の危機と極限環境で生きる生物について紹介します．

　本書は疑問形で書かれた問題に関して，高校生程度の読者にわかるように，なるべくやさしく，かつなるべく原理に遡って解説されています．はじめから順に読み進めてもよいし，関心がある話題について拾い読みしてもよいようになっています．したがって，どこから読み進めても結構です．また，解説の終わりには「まとめ」

が数行で書かれています．疑問形で書かれた問題に関する回答を自分で考えて「まとめ」を読んで比較するのもよいし，解説を読んで自分が理解した内容を「まとめ」と比較してみるのもよいかも知れません．

　若者の読書離れ，理科離れが言われる今日，日常の何気ない現象に目を留め，「なぜ？」という疑問を持つこと，そして子どもが発信してくる疑問に大人が答えることが求められます．その答え方しだいで子どもたちは自然や身近で経験する現象に対する関心を深め，好奇心を広げ，世界の広がりと奥深さを感ずるに違いありません．

　「科学の眼で見る日常の疑問」という視点は，筆者が転職して千葉大学教育学部に勤務しはじめた当初から教員を目指す学生に求めた視点でした．当時の稲場研究室に属した学生諸君の一部には卒論でも自ら疑問を見出し，それについて調べて発表してもらいました．本書を出版することができたのは，当時の研究室の議論での問題意識が基礎になっています．当時の共同研究者であり現在千葉大学教育学部准教授の林英子さんおよび当時の学生諸君に感謝したいと思います．

　本書の出版を認めて下さり有益なコメントを頂いた技報堂出版（株）編集部長の石井洋平氏および直接編集に携わって下さり有益な助言を頂いた同社編集部の伊藤大樹氏に深く感謝したいと思います．

2019 年 5 月

稲場秀明

《 *iv* 》

《著者紹介》

稲場 秀明（いなば・ひであき）

1942 年	富山県滑川市生まれ
1965 年	横浜国立大学工学部応用化学科卒業
1967 年	東京大学工学系大学院工業化学専門課程修士修了
同　　年	ブリヂストンタイヤ（株）入社
1970 年〜	名古屋大学工学部原子核工学科助手，助教授を経る
1986 年	川崎製鉄（株）ハイテク研究所および技術研究所主任研究員
1997 年	千葉大学教育学部教授
2007 年	千葉大学教育学部定年退職

工学博士

主な著書

波のはなし―科学の眼で見る日常の疑問，技報堂出版，2019

温度と熱のはなし―科学の眼で見る日常の疑問，大学教育出版，2018

色と光のはなし―科学の眼で見る日常の疑問，技報堂出版，2017

水の不思議―科学の眼で見る日常の疑問，技報堂出版，2017

エネルギーのはなし―科学の眼で見る日常の疑問，技報堂出版，2016

空気のはなし―科学の眼で見る日常の疑問，技報堂出版，2016

氷はなぜ水に浮かぶのか―科学の眼で見る日常の疑問，丸善，1998

携帯電話でなぜ話せるのか―科学の眼で見る日常の疑問，丸善，1999

大学は出会いの場―インターネットによる教授のメッセージと学生の反響，
大学教育出版，2003

反原発か，増原発か，脱原発か―日本のエネルギー問題の解決に向けて，
大学教育出版，2013

趣味はテニスと囲碁

千葉市花見川区在住（hsqrk072@ybb.ne.jp）

目　次

第8章　新エネルギーと環境　　105

第9章　原子力発電と環境　　119

第10章　室内の環境　　137

第 11 章　災害と環境 153

第 12 章　食料と環境 169

第 13 章　生物と環境 183

第 1 章

地球環境の変遷

超新星爆発から原始太陽系が形成され，原始地球はその中で，小惑星との衝突を繰り返してほぼ現在の姿になった．地球内部にあった水から海が形成され，そこで生命が誕生した．この章では，生物の生存環境を劇的に変えた大気の変遷，大陸の分裂および合体，氷河と海の変遷，さらには日本列島の形成について紹介する．

1話 地球はどのようにして形成されたか？

　太陽はかつて存在していた質量の大きい恒星の寿命が尽きて起こる大爆発（超新星爆発）によって宇宙にまき散らされた星間ガスによって形成された．星間ガスには密度の大きい部分と密度の小さい部分とがある．密度（質量）の大きい部分は万有引力が大きいので周りの星間ガスを集めてより大きくなる．このようにして太陽系は約50億年前に成長を始めたと考えられている．原始太陽はでき始めの段階で，今の100倍程度の明るさで輝いていた．そのエネルギーは収縮するときに得た重力エネルギーによる．その後ゆっくり収縮したためにしだいに暗くなっていった．そして，温度と圧力が大きくなった太陽の中心部で水素をヘリウムに変換する核融合が始まる．そうすると，重力による縮まろうとする力と，核融合による膨張しようとする力とが釣り合って，安定な状態になる．こうした太陽の寿命は100億年程度なので，太陽はあと50億年程度は今の状態を続けると考えられている．

　原始太陽系の温度が下がってくると，ガスだった円盤部から物質が凝縮して塵（固体）ができるようになる．そのとき，温度が高い太陽に近いところでは岩石と金属（主に鉄）が，太陽から離れたところでは氷（水，アンモニア，メタン）が塵の主成分となる．

　地球は約46億年前，原始惑星系円盤の中で生まれた．惑星系円盤のほとんどは水素やヘリウムなどのガスからできていて，塵を含んでいた．それらの塵が集まり，無数の微惑星と呼ばれる小天体が発生する．その微惑星が衝突・合体を繰り返し，惑星のもととなる原始惑星となった．成長した原始惑星はお互いにぶつかったりまわりの微惑星を重力で集めたりして，そのうちの一つが原始地球になった．太陽に近い軌道領域では微惑星が相対的に少ないため，重い物質から構成される小さな固体の表面をもつ地球型惑星となった．一方，太陽から遠い軌道領域ではより広い領域から微惑星とガスを集めることができたので，軽い物質から構成される巨大な木星型惑星が生まれた．

　原始地球は今の地球に比べるとかなり小さい．今の地球になる前に，さらに衝突・合体が繰り返された．衝突は惑星同士の引力で引き合い，さらに木星の引力によって原始惑星の運動が不安定になって起こる．そのような中で火星程度の天体との大衝突の結果，現在の月ができたと考えられている．大衝突は斜めにかすめるような衝突で，月は剥ぎ取られた原始地球のマントル物質と原始惑星のマントル物質との

混合物からできたと考えられている．このため月からは約 46 億年前の岩石が検出
されている一方，鉄などの金属がない．地球にある鉄などの金属は内部の深いとこ
ろにあったからである．地球に比較的大きい衛星である月が存在することによって，
地球は安定した自転を続けることができ，地球環境が安定した状態を保つことがで
きたと言われている．

　微惑星の衝突エネルギーは熱エネルギーに変換され，地球を加熱した．原始地球
が大きくなるほど微惑星の衝突速度は大きくなっていった．地球の半径が現在の 4
割程度になると，この衝突エネルギーと，水蒸気や二酸化炭素の大気による温室効
果によって，地表の温度は上昇した．そして原始地球の表面付近にあった岩石が溶
けてマグマの海となった．これがマグマオーシャンで，深さ数百 km に及んだと考
えられている．その結果，鉄やニッケルなどの重い金属は地球の中心部に集まった．
その後 40 億年前ごろには，周辺の星間物質が減少して衝突の頻度が少なくなり，
海と陸が存在する状態になったと考えられている．

　現在の地球の 70 ％は海に覆われている．その海底に存在している海嶺（海底の
大山脈）で上昇したマントル物質の一部が玄武岩質の海洋地殻とカンラン岩質のマ
ントル上部をつくっている．それらからなる海洋プレートは，太洋を横断して海溝
で沈み込み再びマントルに戻るという循環を行っている．一方，海溝付近での火成
活動により，大陸地殻（花崗岩質）と陸のプレートもできた．

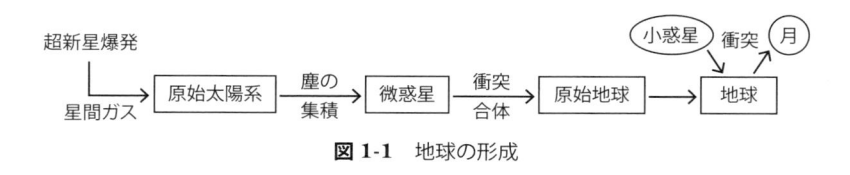

図 1-1　地球の形成

　（ま）（と）（め）　　原始太陽系は恒星の超新星爆発から生まれた．大量の星間ガスが集積
して原始太陽や微惑星が生まれた．微惑星が衝突・合体を繰り返すなかから原始地球
が生まれた．原始地球は太陽までの距離が比較的に近かったので，比較的重い岩石や
鉄などの成分からできていた．原始地球は小惑星との衝突によって大きさを増すとと
もに月ができ，ほぼ現在の姿になった．

2話　地球の大気はどのように変遷したか？

　原始地球が生成したころの一次大気の主成分は水素とヘリウムであった．木星型の惑星では，現在でも大気の主成分は水素とヘリウムである．ところが原始地球が生成したころは太陽からの強い太陽風が吹いていて軽い気体成分を吹き飛ばした．さらに，地球の表面が微惑星の衝突のためかなりの高温でガスが逃げやすく，地球の質量があまり大きくないので，水素やヘリウムなどの軽い成分をつなぎ止める力が弱いため宇宙に逃げてしまったと考えられる．

　その後，地球内部から出てきたガスによって二次大気が形成された．地球内部からの気体成分の放出は原始太陽系時代からの隕石を調べれば推定できる．隕石の中には鉱物中に水がかなりあり，ほかに炭素や窒素を含んでいる．地球形成後数億年ごろの大気は，H_2O 200 気圧，CO_2 25 気圧，SO_2 2 気圧，HCl 3 気圧，N_2 0.3 気圧と推定されていて，隕石の分析値と対応している．微惑星が原始地球に衝突すると，その衝撃で加熱され，微惑星や原始地球の鉱物内部の気体になりやすい成分が脱ガスする．そのときの大気の組成は原始地球の表面を覆っていたマグマオーシャンに依存する．マグマオーシャンの中に金属鉄が含まれていると，鉄によって還元されて水からは水素が，二酸化炭素からは一酸化炭素やメタンが，窒素からはアンモニアが生成する．しかし，鉄とマントルとの分離は比較的早い時期に終わっていたため地表付近には金属鉄はなく，大気の主成分は，水蒸気，二酸化炭素，窒素であった．

　原始地球への微惑星の衝突頻度が減り，温度が低下してくると，大気中の水蒸気が凝結して，大量の雨として地上に降り注いで海が形成された．初期の海は大気に含まれていた亜硫酸や塩酸が溶けていたので酸性であったが，陸地にあるナトリウムやカルシウムなどの金属イオンが雨とともに流れ込んで中和されていった．

　海ができた後の大気の主成分は二酸化炭素であったが，これは現在の金星や火星の大気の主成分が二酸化炭素であることに対応している．ところが，地球には水が大量に存在したため，二酸化炭素がほぼ消滅した．金星は太陽に近いのに加えて温室効果ガスである二酸化炭素が 90 気圧と高いため表面温度が 460 〜 480℃と高く，液体の水は存在できない．火星は太陽から遠すぎてわずかにある水も氷の形でしか存在できない．結局，地球と太陽との距離が適当であったために地球だけに海が形成され，そこに生物が現れたのである．

　地球に大量にあった二酸化炭素がほぼ消失し，新たに酸素が現れた理由は，地球だけが液体の水を大量に含む環境にあったこと，そして地球に生物が誕生したことによる．当初は酸性であった海に金属イオンが流れ込んで中和されると，二酸化炭素が水に溶解するため大気中から海へと溶けていった．さらに，海の中には地中に含まれるカルシウムやマグネシウムも雨とともに川となって流れ込んだので，二酸化炭素は海水中でそれらのイオンと結びついて石灰岩として沈殿した．この繰り返しによって，大気中から二酸化炭素は減っていった．このようにして，水にほとんど溶けない窒素がその後の大気の主成分となっていった．

　地球に酸素が生成しはじめたのは約 35 億年前であると言われている．酸素をもたらしたのは海中に棲むラン藻類（シアノバクテリア）である．ラン藻類は紫外線がほとんど届かない深さ 10 m 程度の海中に棲み，光合成の副産物として酸素を生成し，海の中へ放出した．さらに，二酸化炭素が生物の体内に炭素として蓄積されるようになり，長い年月をかけて炭素は化石燃料，生物の殻からできる石灰岩などの堆積岩の形で固定された．やがて海の中はラン藻が放出した酸素でいっぱいになり，放出された大量の酸素は当時の海水に多量に含まれていた鉄イオンと結びつき酸化鉄になった．それらは海底にたまり鉄鉱石をつくったが，やがて海中の鉄イオンが減ってくると余った酸素は大気中に放出された．そして，光合成生物が長い年月をかけて放出した酸素が現在の濃度にまで増加したと考えられている．

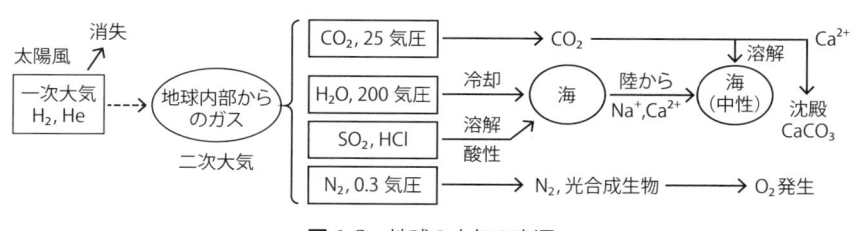

図 1-2　地球の大気の変遷

　　(ま)(と)(め)　　原始大気の主成分は水素とヘリウムであったが，太陽風に飛ばされて消失した．地球内部から出たガスによって二次大気が形成された．水蒸気，二酸化炭素が大部分で少量の窒素が含まれていた．原始地球が冷えると水蒸気は雨となり，海を形成した．二酸化炭素はやがて海水に溶け，さらには石灰石として沈殿して，濃度が減った．酸素は光合成生物によって放出され徐々に濃度が増えた．

3話　地球の海はどのように変遷したか？

　原始地球が大きくなり現在の4割程度になると，微惑星の衝突が続いて表面付近にあった岩石が溶けてマグマオーシャンが深さ数百kmに及んだ．やがて地表の温度が低下してくると，大気中の水蒸気やマグマオーシャン中に溶け込んでいた水分が，大量の雨として地上に降り注いだ．古い変成岩に含まれる堆積岩の痕跡などから，約43億年前に海が誕生したと推定されている．

　海水にはいろいろな物質がイオンという形で溶け込んでいる．陽イオンとしては，ナトリウムイオン（Na^+），カルシウムイオン（Ca^{2+}），マグネシウムイオン（Mg^{2+}）が主なもので，これらは主として陸地の岩石中に含まれ，雨とともに海に流れ込んだものである．陰イオンとしては塩素イオン（Cl^-），硫酸イオン（$SO_4{}^{2-}$）が主なもので，これらは主として大気中に含まれていたSO_2やHClが海水に溶けたものである．これらの陽イオンと陰イオンが中和したため，海水中に二酸化炭素が溶けやすくなり，主として$HCO_3{}^-$の形で存在した．

　現在の海水中の塩分濃度は約3.4％で，これは過去35億年間ほとんど変わっていないようである．雨水が岩石中の塩分を溶かし川から日々海に流れ込んでいるが，その塩分と同量の塩分が海底に沈殿しているためと考えられている．また，海水中に溶け込んでいる塩分には火山性のガスからくるものもある．火山性のガスの塩分に影響を与える可能性のあるガスとしては，硫化水素（H_2S），二酸化硫黄（SO_2），塩化水素（HCl）がある．これらだけが海水中に溶けると強酸性を示すはずであるが，雨水が岩石中の陽イオンを溶かして海水に流れ込むので実際には中和されてしまう．動物の体液濃度は約0.9％と一定であるが，その組成は海水の組成と極めて似ている．これは，動物の祖先の発生当時から体液の組成が海水の組成を持っていたことが考えられる．

　海水の量はどのように変化したのであろうか？　地球初期の大規模な脱ガスにより，ほぼ現在の海水と同じ量の水が地球内部から供給されたと言われている．では，その後の火山活動による脱ガスにより海水が増えているかというと，必ずしもそうではない．確かに火山性ガスの主成分は水蒸気なので地上の水分は増える可能性がある．一方では，海洋プレートの沈み込みによって水はマントル（地球深部）に運ばれている．結局，海水の量の増減を決めるのは火山性ガスの供給による水の量とマントルに戻る水の量のどちらが多いかで決まる．マントルに戻る水の量のほうが

多いという説がある．その説に従えば 20 億年後には海が消失することになるが，本当のことはわからない．

　氷河は過去に盛衰を繰り返してきた．氷河時代の中でも特に気温の低い「氷期」と気温の高い「間氷期」とが交互に訪れる．最後の氷期は約 1 万年前に終わり現在は間氷期である．氷期には氷が多くなるために海水面が 150 m 程度低くなることがある．海水面が低下すると，日本はアジア大陸と地続きになる．そのため，この時代にマンモスなどの化石が日本各地で発見されている．また，シベリアとアラスカの間の海峡も人が通れるくらい浅くなったらしい．この時期にモンゴロイドの一部がアメリカ大陸に渡った．また，地球の歴史の中では全地球が氷河に覆われた時期と，氷河がない時期とがあった．海がすべて氷に覆われると，生物は火山付近の比較的暖かいところしか生きる場所がない．このように，地球の気温の変化によって海は大きな変貌を遂げることになる．氷河の盛衰は海の景色を変え，生物が生きていく基盤を大きく揺るがすことになる．

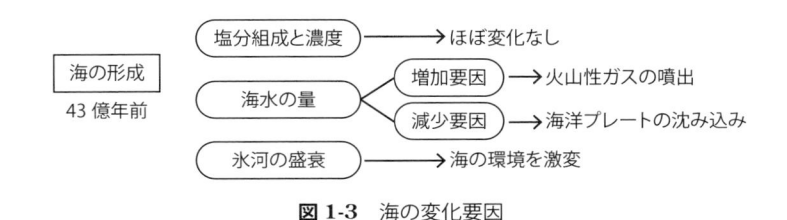

図 1-3　海の変化要因

　㋫㋟㋰　約 43 億年前に地球の表面温度が下がってくると，大気中の水蒸気やマグマオーシャンの水分が雨となって海が誕生した．海水中の塩分は，大気中の成分が溶けた Cl^-，SO_4^{2-}，岩石が溶けた Na^+，Ca^{2+}，Mg^{2+} が主で，約 3.4%と現在までほとんど変わっていない．海水の量が増える要素としては火山性ガスの供給が，減る要素として海洋プレートがマントルに戻る水があるが，どちらが多いかわかっていない．地球の歴史の中で氷河の多い時期と少ない時期とがあったが，それにより海の環境は激変した．

4話　地球の大陸はどのように変遷したか？

　微惑星が衝突を繰り返しているころの地球の表面には数百 km の深さのマグマオーシャンがあった．地球が冷えてきて海ができると，二酸化炭素が溶けて温室効果が減るためさらに冷えて地表にプレートが現れる．これが最初の陸の形成である．海の形成は約 43 億年前，陸の形成は約 40 億年前であると言われている．

　地球の表層は厚さ約 100 km のプレート十数枚（陸のプレートおよび海洋プレート）で構成されている．地球の地殻の岩石はマグマが冷えてできたものである．海洋地殻は主に玄武岩からなり，大陸地殻は主に花崗岩からなる．海洋地殻は海嶺に向かってマントル上昇流によって運ばれた高温のマントル物質の一部が融解してマグマが形成され，海洋プレートの端は海溝に沈み込み帯を形成する．例えば，太平洋プレートは東太平洋の海嶺で生成し，年約 9 cm 程度の速さで厚みを増しながら西に移動し，日本海溝で自重のためにマントル深部へと沈み込む．一方，大陸地殻はマントルの部分溶融でできたマグマ（主として二酸化ケイ素（SiO_2）を含む）が冷えてできる．大陸地殻はマントルの絞りかすみたいなもので，密度が小さくマントルへの沈み込みがないので，地球表面にたまってくる．つまり大陸地殻は成長している．さらに，陸のプレートと海のプレートが衝突するところでは，海のプレートの沈み込みが起こり，海のプレートに乗っていた堆積物が大陸地殻の端に付加される．こうして大陸は外へ外へと成長する．大陸プレートはマントル対流によっていわば海に浮かぶ筏のように移動しているので，大陸の配置はどんどん変わる．

　大陸移動説を唱えたのはウェグナーである．彼は大西洋で隔てられている南アメリカの東海岸とアフリカの西海岸の形状がジクソーパズルのようにつなぎ合うことに着目した．さらに，両大陸の地質が連続していること，海を渡ることのできない動物の化石が両方の大陸で発見されていることから，元は一つの大陸であったと考えた．ウェ

図 1-4　3 億年前ごろのパンゲア超大陸

グナーは同様の考察をほかの大陸についても行って，3 億年前ごろには**図 1-4** に示すようなパンゲア超大陸があったとした．大西洋やインド洋は存在せずただ一つの海だけが存在していたことになる．パンゲア超大陸は 2 億年前ごろから分裂を開始し，次第に現在あるような大陸に変化した．

　インドはパンゲア超大陸の一部だったが，長い時間をかけて南極の近くから少しずつ北へ動いていった．そして，赤道を越えて，5 000 〜 4 000 万年前にかけてユーラシア大陸と衝突した．陸地が押しよせてきたことで，インドとユーラシア大陸の間にあった海底が大きく押し上げられ，ヒマラヤの山々が生まれた．エベレストの山頂からは，三葉虫など古代の海の生物の化石が発見されている．今もインドは年に 5 cm ほど北上し続けていて，エベレストは毎年数 mm ずつ高くなっている．

　大陸の集合離散は地球史を通して何回も繰り返された．この説明としてウィルソンサイクル説が一般に支持されている．それによると，超大陸の真下でのマントルの上昇プルーム（マントルの上昇流）によって，超大陸に裂け目ができ超大陸の分裂が開始する．分裂が開始した場所が海嶺になり海水が侵入することで海ができる．新しいプレートが海嶺から次々に生産され海洋底が拡大する．重い海洋プレートが沈み込みプレートが閉じはじめる．海溝の大陸側周辺では列島や山脈ができる．海嶺も海溝で沈み込み，海洋底の生産が停止するため，海洋が縮小しはじめる．やがて，海の面積が小さくなり，再び大陸同士が近づく．大陸同士が衝突し，新しい超大陸ができる．結局，このサイクルは，海嶺からのマントルの上昇プルームの生産が何億年かの周期で強まったり停止したりすることで起こる．

　最初の大陸は約 30 億年前にマントルプルームの上昇があり，ウルと呼ばれる大陸ができた．その後約 18 億年前にはコロンビア超大陸，約 10 億年前にはロデイニア超大陸，約 3 億年前のパンゲア超大陸形成へと続く．

（ま）（と）（め）　3 億年前ごろにはすべての大陸が一つとなったパンゲア超大陸があった．パンゲア超大陸は 2 億年前ごろから分裂を開始し，次第に現在あるような大陸に変化した．過去にも何回か数億年周期で超大陸が形成されては分裂を繰り返した．超大陸の出現と消滅は，マントル対流に伴って海洋プレートが成長と沈み込みを繰り返し，陸のプレートが海に漂う筏のように移動することで起こった．

5話　日本列島はどのようにしてできたか？

　海洋プレートは海溝に向かって長い年月をかけて移動しているが，その上には分厚い堆積物が積もっている．堆積物はプランクトンの遺骸，海の沖合でたまった泥，大陸近くの海底にたまる砂，サンゴ礁でできた石灰岩などから成る．その堆積は1億年で1000mにもなる．海洋プレートが大陸のプレートに衝突して大陸の下へ潜り込むとき，プレートの上に乗っている堆積物は密度が小さいので大陸の端へくっついていく（付加する）．付加するのは堆積物だけでなく，途中に火山島があればそれも付加されるし，海洋プレートの最上部も剥ぎ取られ，陸のプレートに付加される．付加体は，一番下に剥ぎ取られた海洋プレート，その上に海嶺で生産された枕状溶岩，サンゴ礁による石灰岩，チャート（放散虫・海綿動物などの動物の殻や骨片が海底に堆積してできた岩石）や泥岩を含む堆積物から成っている．**図1-5**に日本列島における付加体形成の様子を示す．付加体は大陸の海側に岩石が付加するので，付加体の岩石は日本海側ほど古く，太平洋側ほど新しい．

　日本列島は，約4億5000万年前にユーラシア大陸の東に付加体として成長を始めた．そして，太平洋側に次第に拡大し，2,500万年ほど前にユーラシア大陸から分裂しはじめた．広い範囲にわたって地溝帯ができて徐々に広がり，1900万年前ごろには，海が入ってきて日本列島となる部分が大陸から引き離されていった．

　現在の日本列島は弓なりに曲がっているが，海が入ってきたころは折れ曲がっていなかった．1700万年前ごろに日本海の海底に玄武岩質の溶岩が貫入したことによって，日本海はさらに拡大する．このとき海底は一様に拡大せず，東日本は北海道知床半島沖を中心に反時計回りに40〜50°回転し，西日本は長崎県対馬南西部を中心に時計回りに40〜50°回転してアジア大陸から離れた．その結果，日本列島は現在のように「逆くの字」に曲がった．この折れ曲がりは約1500万年前まで続いた．

　当時は，今の東北に当たる部分は多島海で，西南日本は陸域であった．その後，海域であった東北地域で太平洋プレートの圧縮による隆起や火山活動によって陸地となり，現在の奥羽山脈・出羽丘陵が形成された．北海道はもともと東北日本の続き（西北海道）とサハリンから続く南北性の地塊（中央北海道）および千島弧（東北海道）という三つの地塊が接合して形成されたものである．南西諸島は日本島弧の中でも最も新しく成立した島弧で，600万年前以前は大陸の一部であったが，

大陸の縁で開裂が起こり完全に大陸から切り離され，サンゴ礁を持った島弧となったのは 150 万年前以降である．また，100 万年前には伊豆諸島の一部が本州に衝突して伊豆半島ができた．その衝突によって南アルプスが大きく隆起した．さらに，フィリピン海プレートに乗ってきた火山島が日本列島に衝突しはじめ，火山島やプレートの一部が剥ぎ取られて隆起し，現在の丹沢山地となった．

　日本列島は陸のプレートであるユーラシアプレートと北米プレートの上に乗っていて，これらは東から太平洋プレートに南からフィリピン海プレートに押されている．そして，太平洋プレートとフィリピン海プレートは，日本海溝，相模トラフ，南海トラフをつくって日本列島の下のマントルに潜り込んでいる．日本の近くには，三つのプレートが一か所で接する三重点が二つもあるという，地球全体で見ても非常に複雑な場所である．日本列島の折れ曲がりのときに列島中央部に大地溝帯（フォッサマグナ）ができた．その西の端が糸魚川 - 静岡構造線と呼ばれる巨大な断層で，これがユーラシアプレートと北米プレートの境界であると考えられている．また，熊本県から四国北部，紀伊半島から糸魚川 - 静岡構造線につながる中央構造線と呼ばれる大断層が南海トラフとほぼ平行して走っている．断層の北側ではアジア大陸由来の古い地層が主なのに対し，断層の南側ではより新しい付加体を含む地層になっている．恐竜の化石は古い地層に属する福井県で多く見つかっているが，これはその地域がアジア大陸に属していたためである．

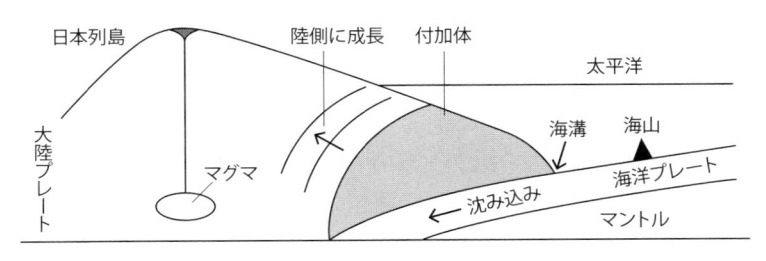

図 1-5　日本列島における付加体形成

　(ま)(と)(め)　日本列島はユーラシア大陸の東に付加体として成長して，太平洋側に次第に拡大し，ユーラシア大陸から分裂し，日本海ができてその原型ができた．その後，海洋プレートからの圧力による地殻の隆起，火山島の衝突，火山活動などによって現在の日本列島の形になった．付加体とは，海洋プレートの上に堆積した枕状溶岩，チャート，泥岩，サンゴ礁による石灰岩を含む堆積物，火山島や海洋プレートの最上部も含む．

6話　氷河はどのように変遷したか？

　現在の地球には極地方に氷河があるので，氷河時代という．この氷河期は，260万年前（第四紀）から始まり北半球で氷床が発達した．氷河時代の中でも特に気温の低い氷期と気温の高い間氷期とがほぼ4万年と10万年周期で交互に現れている．最後の氷期は約1万年前に終わり現在は間氷期である．氷期には地球全体で5℃程度温度が低下した．そのような時期には，スカンジナビア半島や北ヨーロッパ，北アメリカの五大湖周辺まで氷床に覆われた．日本では，日本アルプスや日高山系にも氷河が発達し，その氷河が残したカールやU字谷などの地形が残っている．

　地球の寒暖の時期に周期性があることについて，ミランコビッチの説がある．彼は地球の自転軸の歳差の変化，自転軸の傾きの変化（21.5～24.5°），地球の公転軌道の離心率の変化がそれぞれ数万年周期で起こっていることに着目した．こうした変化が組み合わさって，地球が太陽から受け取るエネルギー量が変化する．放射性同位元素を用いた年代測定データや酸素同位体比を用いた古海水温の推定データからその周期性が確認され，彼の説が受け入れられた．ただし，数万年周期の短い時間スケールの変動は説明できるが，地球が氷河時代になったり，無氷河時代に戻ったりする変化は説明できない．

　新生代に氷河時代が始まった原因の一つとして南極大陸の移動がある．中生代にゴンドワナ大陸の一部であった南極大陸の分裂と南への移動によって南極大陸の寒冷化が始まった．4000万年前には南極の氷床の成長が始まり，3000万年前には巨大な氷床で覆われるようになった．その後，260万年前ごろから北半球で始まった氷床の発達の原因としては，北アメリカ-ユーラシア大陸の配置，パナマ地峡の形成による海流の変化，ヒマラヤ山脈の隆起による大気システムの変化が考えられている．

　この氷河時代は人類の進化と関係があると考えられている．氷期が訪れると海岸線が極端に遠退き，陸上の大部分が氷に覆われる．そのため動植物も激減し，動植物を食料とする狩猟採集生活の人類の祖先にとっては，大きな打撃であった．猿人は樹上生活であったが，氷期の環境で地上生活を始めて二足歩行を開始し，人類として進化したというのが通説である．

　氷河の発達は第四紀だけでなく，もっと古い時期にも何回かあった．先カンブリア時代の23億年前，8億年前，7億年前，オスドビス紀の4.4億年前，デボン

紀～石炭紀の 3.8 億年前～ 2.7 億年前が氷河時代であったと言われている．中でも 23 億年前，8 億年，7 億年前の氷河時代はすさまじく，赤道の海も凍って全地球凍結（スノーボール・アース）になっていたらしい．なぜ全地球凍結が起こり，また元に戻るのかについては以下のような説明がある．何らかの原因で二酸化炭素の濃度が下がると温室効果が減るので，地球の気温が下がる．すると，氷床が発達し，氷河の表面が白いので，太陽光の反射率（アルベド）が大きくなり，エネルギーの吸収が減る．今の地球のアルベドは 0.3 程度であるが，氷床が広がるとアルベドが大きくなり，太陽光エネルギーの吸収が減ってますます氷床が成長して全地球凍結が起こる．そのときの地球の平均気温は－ 40℃（現在は 15℃）程度になり，海は 1 000m の厚さの氷に覆われたと考えられる．一方，地表が氷に覆われると，光合成生物のほとんどが死に，風化作用も停止するので，大気から二酸化炭素を取り除くシステムが働かなくなる．それで，火山活動によって供給される二酸化炭素がたまる一方になる．大気中の二酸化炭素の濃度がある値を超えると，今度は逆に地球の気温が上がる．そして長い年月が経つと氷はすべて溶け，無氷河状態になり，地球の平均気温が 25℃程度になると言われている．無氷河状態になった地球では，大気中の二酸化炭素除去システムが復活し，光合成生物が繁殖し石灰石が沈殿する．こうして大気中の二酸化炭素が減り気温も低下して現在のような状態に近づく．地球は無氷河状態，極地にのみ氷河がある状態，全地球凍結状態という三つの安定な状態があると考えられている．**図 1-6** に氷河形成の歴史を示す．

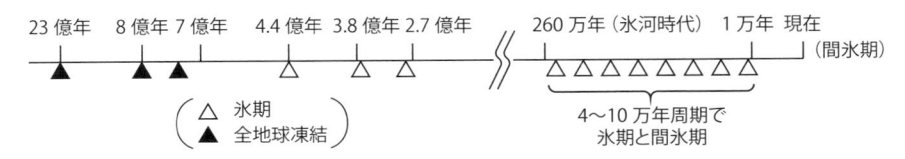

図 1-6　氷河形成の歴史

> （ま）（と）（め）　地球には無氷河，極地のみの氷河，全地球凍結という三つの状態がある．23 億年前，8 億年前，7 億年前に全地球凍結が起こった．現在は 260 万年前から始まった氷河時代で，4 ～ 10 万年周期で氷期と間氷期が交互に訪れている．全地球凍結の原因としては，氷床形成による太陽光反射率の増加に伴う吸収エネルギー減少が，無氷河の原因としては，何らかの原因による二酸化炭素濃度増加による温室効果が考えられている．

コラム

日本列島は今後どうなるか？

　未来を予測するためには，過去から現在までに起こってきた現象を解析してその延長として未来を考える手法が一般的である．日本列島の東側は太平洋プレートが年約9cmの速度で西に移動し，日本海溝で沈み込んでいる．日本列島の南西側ではフィリピン海プレートが年約4cmの速度で北に移動し，南海トラフに沈み込んでいる．これらの沈み込みに伴って日本列島に多量の付加体をもたらしてきた．それが今後も続くとすれば，太平洋側に陸地の増加が予想される．伊豆諸島の一部が本州に衝突して伊豆半島を形成したように，伊豆諸島が北上して本州の一部になることが予想される．また，太平洋プレートの上には海盆や火山島あるので，これが日本列島に付加することも考えられる．さらには，ハワイ諸島が日本列島に近づき合体することも考えられる．もっとも，それには1.3億年程度の時間が必要である．また，フィリピン海プレートに乗ってフィリピン，ボルネオ，ニューギニア，そしてオーストラリアも日本列島に合体すると考えられる．それは，日本列島が拡大するというよりは，日本列島もユーラシア大陸の一部になると考えられる．

　2億5000万年後の地球のシミュレーションがエール大学の地質学者と日本の海洋研究開発機構との共同研究チームによってなされ，学術雑誌「Nature」に発表された．それによると，2億5000万年後に北米と南米大陸が融合し，そこへユーラシア大陸がドッキング，アフリカ大陸，オーストラリア大陸とも結合して単一の超大陸になるという．その超大陸はアメイジア大陸と名づけられた．このシミュレーションと上述した日本列島周辺の予測との間には矛盾はない．

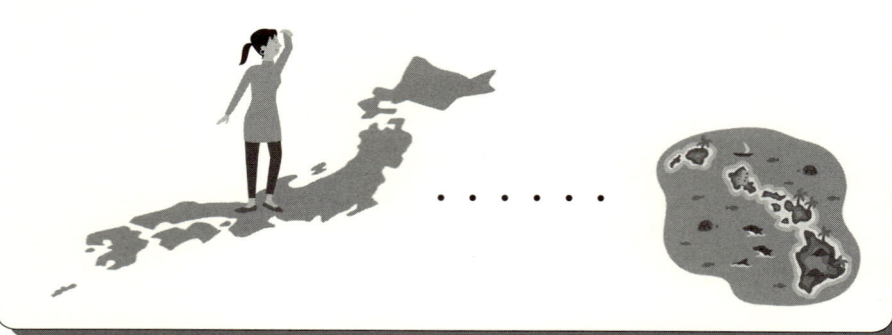

第 2 章

地球環境の変遷と生物の進化

約 40 億年前に海で生命が誕生した．その後ラン藻類が出現し，大気中に酸素をもたらして生存域が広がったことから動植物が地上に進出した．その後も生物は大きな進化を遂げたが，超大陸の形成と分裂，大陸氷河の発達と消滅，スーパープルームによる大量の溶岩の噴出，巨大な隕石の落下など地球規模の環境変化のため生物の大絶滅が起こった．この章では，哺乳類や人類がどのような環境で進化を遂げたかについても紹介する．

1 話　地球にどのようにして生命が誕生したか？

　生命は約 40 億年前海で誕生したと言われている．当時の地表は強い紫外線や荷電粒子が容赦なく降り注いでおり，生物は存在できない環境であった．生命が存在できるのは海中だけで，原始の海には生命に必要なアミノ酸，糖，脂肪酸，炭化水素などの有機分子が豊富に存在していた．それは，星間物質に含まれ小天体と一緒に地球に到達したもの，紫外線，荷電粒子，落雷などにより活性化された地球の原始大気中でできたものもあった．アミノ酸などの生命の素材に溢れていた原始の海で原核生物*が誕生した．アミノ酸の反応によって，たんぱく質と核酸を薄い膜の中に収め，自己の形を持ち増殖するようになったと考えられている．

　最初の生命が誕生した場所は．海底火山の熱水噴出口付近であるとする説が有力である．マグマと接触した熱水には多くの硫化水素や二酸化炭素が含まれており，原始生命はそれらを還元してエネルギーを得ていた．現在でも海洋底中央海嶺にある熱水を噴出する環境では硫化水素を還元してエネルギーを得ている原始的なバクテリアがある．

　約 32 億年前に光を利用することによって有機物を作り出すラン藻類が出現した．ラン藻類は光合成で有機物を合成するとき水素を必要とするため，水を分解して利用し廃棄物として酸素を放出した．この新しい生物は自分で有機物とエネルギーを作ることができるため，海底火山の周辺からその生息範囲を一気に拡大した．さらに，27 億年前には鉄やニッケルでできた地球の核がゆるやかに流動し磁気を作り出すようになり，地球を磁気のバリアが包むようになった．それで，生命に有害な荷電粒子はこの磁気圏のバリアに遮られるようになった．まだ致命的な紫外線は地表まで到達していたが，紫外線のほとんど届かない海面近くでも生命が存在できるようになった．これにより，ラン藻類はより安全により活発に増殖できるようになった．

　約 20 億年前に海水中に放出された酸素が海中の鉄を酸化して酸化鉄として沈殿すると，海水中の酸素濃度は上昇した．酸素は物質を酸化するため，それまでの生物にとっては猛毒の物質である．この時点で生物界には，自然にある硫化水素などの栄養資源を分解してエネルギーを得る古細菌，自分で栄養を生産するように進化した化学合成細菌・光合成細菌などの真生細菌，海底にたまった有機物を食べるように進化した原始真核生物**の三つのグループがあった．細菌類は原核生物で，核（遺伝子の入れ物）と細胞質の区別がない．そのため小さな体に最小限の遺伝子

を持ち，増殖スピードを重視する戦略をとった．一方，原始真核生物は栄養を自分の体内に取り込んで消化するために細胞を大きくした．細胞膜の発達とともに核の構造をつくり，大量の遺伝子を持った．当初，原始真核生物は酸素のない海底で暮らしていたが，酸素が増えることによりその脅威にさらされる．あるものは酸素の少ない環境に逃避したが，あるものは異なる生命と共生する道を選んだ．

　当時の細菌の中には酸素を利用してエネルギーを作り出すものがいた．原始真核生物のあるものはそのような細菌を体の中に取り込み，共生することにより酸素を利用できるように進化した．それで，酸素を使わない場合に比べて約 20 倍のエネルギーを獲得する能力を身に付けた．また，光合成を行う細菌と合体し共生するようになったものも出てきた．このような進化は多くの試行錯誤の中から偶然生存に都合のよいものが出てきたと考えられている．

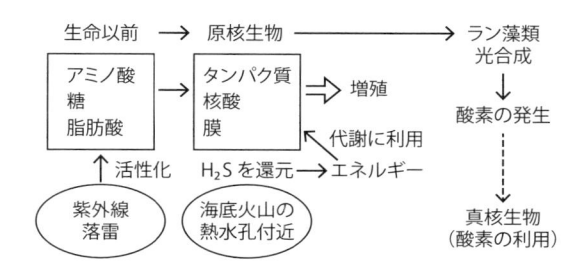

図 2-1 　生命が誕生した環境

＊ 　原核生物：核膜を持たず，明確な輪郭の細胞核の見られない細胞からなる生物．構造的に真
　　 核生物よりもはるかに小さく，内部構造も単純で，性質の異なる真正細菌（バクテリア）と
　　 古細菌（アーキア）の二つの生物がある．

＊＊ 　真核生物：身体を構成する細胞の中に細胞核と呼ばれる細胞小器官を有する生物．動物，
　　 植物，菌類，原生生物などである．

　　（ま）（と）（め） 　　約 40 億年前に海で生命が誕生した．生命の素材に溢れていた原始の海で原核生物が誕生した．たんぱく質と核酸を薄い膜の中に収め，増殖するようになった．最初の生命が誕生した場所は海底火山の熱水噴出口付近で，熱水には硫化水素や二酸化炭素が含まれており，原始生命はそれらを還元して必要なエネルギーを得ていた．約 32 億年前には太陽光を使用することによって有機物を作り出すラン藻類が出現し，大気中に酸素をもたらした．

2 話　地球環境に対応して生物がどのように進化したか？

約20億年前に本格的な真核生物が誕生した．光合成細菌を取り込み，光合成能力をもった真核生物の中から植物へと進化したものが現れる．一方，光合成能力をもたなかった真核生物は積極的に栄養を取り込むため運動能力を発達させ，動物へと進化した．

真核生物はその後の数億年は単細胞生物であったが，14〜10億年前に多細胞生物が現れた．最初は単なる細胞の集合体であったが，細胞がそれぞれ特別の機能を果たすようになった．最初の多細胞動物は現在でもタコやイカの腎臓内に寄生するニハイチュウのようなものであったと考えられている．多細胞生物の出現は生物の複雑化，大型化への道を開き，9億年前に始まったとされる有性生殖という新しいシステムを採用することにより，やがて多彩な生物へと進化して行く．

約5.5億年前，カンブリア紀に動物進化史上最も重要な出来事が起こった．それまで数十種しかなかった動物が突然，500万年という極めて短期間のうちに数万種にまで爆発的に増加した．この進化は「カンブリア爆発」と呼ばれている．ごく限られた多細胞動物から現在の動物の分類基準となっている「門」に相当する動物の原型がすべて出現している．カンブリア紀の動物は非常に多様で，今日の動物とは似ても似つかぬ奇妙な形をしているものも数多く見られる．その多くは現在では絶滅しており，この時期はまさに進化の実験場だったといえる．

この時期にカンブリア爆発が起こった理由として二つの説がある．一つは，大気中の酸素濃度が2％程度に上昇し地上のオゾン濃度が減少し，海の浅瀬まで紫外線が届きにくくなって生物の生きていく環境が改善されたというものである．もう一つは，大氷河期からカンブリア紀になって温暖化したため海水面が上昇し，暖かい浅い海が新たに形成され多様な動物が生息する新しい環境が出現したというものである．

陸上植物は5億1000万年前ごろに，緑藻類から進化したと考えられている．現生で最も陸上植物に近い緑藻類は車軸藻類である．車軸藻類の生態が当時からあまり変わらないものと仮定すると，陸上植物の起源は枝分かれをした糸状の藻で，棲息場所は浅い淡水の季節的に乾燥する小さな池の縁で，菌類との共生が初期植物の陸上進出を助けた可能性がある．この時期に大気中の酸素濃度が2〜3％程度まで高まったため地上の紫外線強度とオゾン濃度が減って生物が地上に上がること

ができたと考えられる．紫外線とオゾンがともにある環境は非常に酸化性が高く特に発芽したばかりの植物や植物の生育を支える微生物にとっては厳しい環境であった．植物が陸上に上がるに伴って，大気中の酸素濃度がそれまでにない値まで高まった．植物群落が代謝物として酸素を吐きだしたためである．

　カンブリア爆発を経て 4.1 億年前ごろには生物の進化は加速する．細胞内にある核という器官に大量の遺伝子を貯蔵できるようになったことがその要因である．細菌類は生存に最小限必要な遺伝子しか持たなかったため，劇的な変化をすることなく現代に至っている．それに対して，真核生物は必要としない遺伝子をもどんどん取り込むようになり，進化の可能性の範囲を広げた．カンブリア爆発で生まれた原始的な脊椎動物である魚類は当時の海で軟体動物のベレムナイトとともに海を支配するようになった．また，4 億年前ごろには脊椎動物の陸上進出が両生類の誕生によって実現した．生物には紫外線もオゾンも有害であるが，酸素濃度が増えた結果，紫外線を低減するオゾン層が次第に上空のほうに移動したことが，生物の陸上進出を助けたと考えられている．

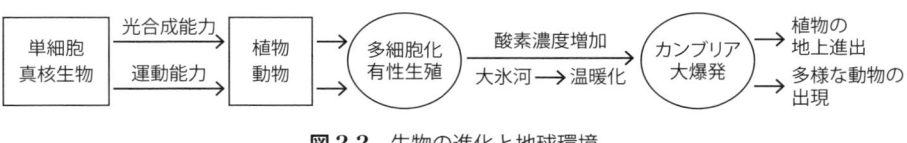

図 2-2　生物の進化と地球環境

> （ま）（と）（め）　約 20 億年前に真核生物から光合成能力を持ち植物へと進化したもの，運動能力を発達させ動物へと進化したものとが現れた．その後，動植物は多細胞，有性生殖の機能を獲得した．大気中の酸素濃度の増加，地球の温暖化などの環境変化により，植物は地上への進出，動物は多様な種を生み出す．その後，酸素濃度がさらに増えて有害な紫外線が減ったことから，動物も地上に進出した．

3話　生物の大絶滅に地球環境がどのように影響したか？

　環境の変化は生物進化のきっかけになる．しかし，生物の適応能力を超える大変化があった場合，多くの生物種は生き延びることができなかった．生物種の50％以上が死滅するという大絶滅は地球史において少なくとも5回発生している．

　一つ目は，5.7億年前の原生代末期の大絶滅である．超大陸の形成と分裂が原因と推定されている．ゴンドワナと呼ばれている超大陸が形成・分裂した時期に相当する．エディアカラ生物群などがこの大絶滅で滅んだと言われている．

　二つ目は，4.4億年前の古生代のオルドビス紀末に大量絶滅が発生し，当時生息していたすべての生物種の85％が絶滅したと考えられている．それまで繁栄していた三葉虫，腕足類，サンゴ類の大半が絶滅した．この時期，大陸は南極域にあり，短い期間だが大陸氷河が発達した．絶滅は氷床の発達に伴う海水準の低下時と氷河の消滅に伴う海水準の上昇時の2回確認されている．地球近くで起こった超新星爆発によるガンマ線バーストが大量絶滅の原因となったという説もある．

　三つ目は，3.7億年前の古生代デボン紀後期の大絶滅で，全生物種の82％が絶滅したと考えられている．板皮類や甲冑魚などの多くの海生生物が絶滅している．腕足類や魚類のデータから，高緯度より低緯度で，淡水域より海水域で絶滅率が高いことが判明している．この時期の環境の変化として，寒冷化と海洋無酸素事変の発生が知られている．酸素および炭素の同位体比のデータは，2度の寒冷化，有機物の堆積と大気中の二酸化炭素の減少を示し，大量絶滅が海の無酸素化と同時に起こったことを示している．ベルギーや中国南部のこの時期の地層から，小天体衝突の証拠となるスフェルール（岩石や鉱物が一度溶融し空中でふたたび冷却・固化した粒子）が報告されているが，大量絶滅との関連は不明である．

　四つ目は，2.5億年前のペルム紀末に地球史上最大規模の大絶滅が起こった．このとき全生物種の90〜95％が絶滅したと考えられている．その原因として現在もっとも有力なのがスーパープルームが地殻を突き破って地球史上例のない大量の溶岩が噴出したという説である．スーパープルームとは下部マントルの高温の物体が地球表層に湧き上がってくる現象である．この巨大な高温物質は2.5億年前にロシア東北部・中央シベリア高原を中心に噴出し，広範囲に洪水玄武岩層が形成された．また．広域規模の噴火が何回か発生した．この火山活動により大量の火山ガスが放出され，地球の気候は激変した．さらに，海底のメタンハイドレードの相当部

分が崩壊して大気中に大量のメタンが放出され，それが酸素と反応して大気中の酸素は半減している．ペルム紀末の大絶滅以降しばらくしてジュラ紀，白亜紀には気候が温暖で安定していたので，多くの生物は順調な発展を遂げた．ジュラ紀には大型の恐竜が繁殖し，以後 1 億年以上恐竜時代を迎える．脊椎動物の仲間では，魚類の多様化や鳥類の出現といった革新が起き，哺乳類が登場する．

　五つ目は，6 500 万年前の白亜紀末の大絶滅である．小天体の衝突によるという説が広く支持されている．その証拠として，メキシコ・ユカタン半島近くのメキシコ湾で 6 500 万年前の巨大なクレーターが発見されている．またこの時期の地層から全世界的に高濃度のイリジウムが検出されている．イリジウムは隕石に多く含まれているので地球に衝突した際に全世界にばらまかれた．直径 10 〜 15 km の隕石が秒速 20 km で当時は浅海だった地表に衝突した．衝突のエネルギーは莫大で，高さ 1 km の大津波をもたらし，大気中に拡散した大量のちりが太陽光を遮断した．気温の急激な低下，光合成を行う植物の死滅などの結果，恐竜など多くの生物種が絶滅した．

　恐竜の時代の終わりころには小さな犬ほどの哺乳類が恐竜の子どもを食べていたことがわかっている．また，夜行性の哺乳類は脳を発達させ敏捷な運動機能も手に入れた．恐竜が絶滅すると，その空白を埋めるように哺乳類は爆発的に進化し，多種多様な種が現れた．恐竜という最大の競争種が絶滅したことにより，哺乳類が新しい時代の最強種となった．

表 2-1　生物の大絶滅と絶滅の原因

絶滅の時期	絶滅した生物	絶滅の原因
5.7 億年前	エディアカラ生物群	ゴンドワナ超大陸の形成と分裂
4.4 億年前	三葉虫など全生物種の 85%	氷床の発達と消滅による？
3.7 億年前	全生物種の 82%	寒冷化と海の無酸素化
2.5 億年前	全生物種の 90 〜 95%	スーパープルームによる大量の溶岩
6 500 万年前	恐竜など多くの生物種	メキシコ湾に巨大な隕石落下

（ま）（と）（め）　5.7 億年前の大絶滅は超大陸の形成と分裂が原因とされている．4.4 億年前の大絶滅は大陸氷河の発達と消滅に伴うと推定されている．3.7 億年前の大絶滅は寒冷化と海の無酸素化が推定されている．2.5 億年前の大絶滅はスーパープルームによる大量の溶岩の噴出によるとされている．6 500 万年前には恐竜などの生物種が絶滅しているが，メキシコ湾に落ちた巨大な隕石のためと考えられている．

4話　生物の大絶滅の後に哺乳類がどのように進化したか？

　哺乳類は爬虫類と同様に古生代に両生類から分岐した．2億2500万年前には，最初の哺乳類と言われるアデロバシレウスが生息していた．そのルーツは，単弓類のキノドン類である．恐竜の全盛時代であるジュラ紀，白亜紀の原哺乳類はネズミほどの大きさのものが多くいた．白亜紀前期には，すでに有胎盤類が登場している．恐竜を含む主竜類が繁栄していた時代には，弱者であった原哺乳類は変温性である主竜類が活発に活動のできない夜間に，恒温性を活かして密猟捕食の道を選択する．夜間に小さな昆虫を捕食するため聴覚・嗅覚・触覚を統合し，脳を肥大化し大脳新皮質を獲得した．さらに，心肺機能，恒温性，胎生，咀嚼に優れた臼歯，聴覚の発達と進化を遂げて行く．また，子孫を安全に残すために，外敵の多いこの時期に胎生に転換したと考えられる．白亜紀後期に高緯度の土地から，地球はまた寒冷化する．この環境で，原哺乳類はより安全に子孫を残すため，胎盤機能（胎内で孵化させた子に，ある程度成長するまで子に栄養を与え胎内保育をする機能）を獲得した．哺乳類は胎児の安全性を高めたことで，卵生に比べて子供を産む数を減らし，さらに産後保育を行うようになる．その結果，卵生では幼生期に淘汰が行われるのに対して，哺乳類は幼生期に淘汰が行われなくなる．進化のための必要性から哺乳類は成体になってから生命淘汰を行う性闘争（＝縄張り闘争）本能を強化する．

　恐竜が繁栄した中生代の地球環境は温暖だったが，約6500万年前に新生代に入ると地球は次第に寒冷化し，古第三紀の漸新世以後は南極大陸に氷床が発達し氷河期に入る．動物は，新生代が始まると大型爬虫類の多くが絶滅し，地上は哺乳類と鳥類の適応分散が始まった．

　植物では食べられるだけという状態から自衛的に進化した被子植物が栄えるようになり，それまで栄えていた裸子植物は衰退して行く．約700万年前には新しい光合成システムを持つ植物が現れた．光合成はシアノバクテリア以来カルビン回路と呼ばれる合成方法が唯一のものだったが，低濃度の二酸化炭素を効率よく利用できるC4型光合成を行うトウモロコシやサトウキビが生まれた．

　かつて一つだったパンゲア大陸は，2億年ほど前に北のローラシア大陸と南のゴンドワナ大陸に分裂し，各大陸は移動しはじめる．6500万年前に新生代が始まったころは，オーストラリアと南極大陸は一つになって南半球にあり，ユーラシア，アフリカ，南アメリカ，北アメリカ，インドの各大陸は海を隔てていた．南アフリ

カから分かれて北上していたインド大陸は約 4 000 万年前にアジア大陸に衝突し，ヒマラヤ山脈やチベット高原の上昇が始まる．約 3 800 万年前にオーストラリア大陸と南極大陸が完全に分離し，約 2 000 万年前には南アメリカ大陸と南極大陸も離れて，南極大陸が完全に海で囲まれる．インド大陸はアジア大陸に衝突したあとも北上を続けアジア大陸の内部に約 2 000 km も突入したため，衝突地点のヒマラヤ山地や背後のチベット高原は，その下にもぐり込んだインド大陸に押し上げられ隆起した．約 350 万年前に南北アメリカ大陸の間にパナマ地峡ができて，大西洋と太平洋が分離された．

　こうした大陸の分裂と移動は哺乳類の進化と密接に関係している．哺乳類のうち真獣類はアフリカ獣類，南米獣類，ローラシア獣類と大陸ごとに違った進化を遂げる．孤立していたオーストラリアでは，真獣類とは系統が異なる単孔類や有袋類が適応放散し，独自の進化を遂げている．また，パナマ地峡ができたために，それまで南アメリカで繁栄していた有袋類はオポッサムを例外として北アメリカからやってきた真獣類との生存競争に負けて姿を消した．

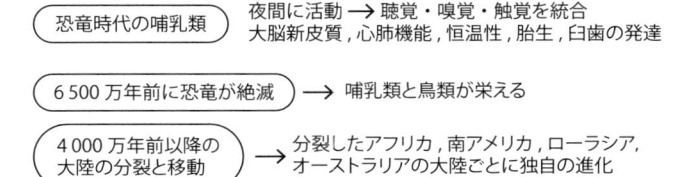

図 2-3　哺乳類の進化と地球環境

(ま)(と)(め)　恐竜の時代に弱者であった原哺乳類は，夜間に昆虫を捕食するため聴覚・嗅覚・触覚を統合し，脳を肥大化し大脳新皮質を獲得した．心肺機能，恒温性，胎生，咀嚼に優れた臼歯，聴覚の発達を遂げて行く．約 6 500 万年前に地球は寒冷化し，大型爬虫類の多くが絶滅し，地上は哺乳類と鳥類の適応分散が始まった．その後の大陸の分裂と移動が哺乳類の進化に関係する．哺乳類のうち真獣類はアフリカ獣類，南米獣類，ローラシア獣類と大陸ごとに違った進化を遂げる．

5話 人類はどのような進化を経て登場したのか？

　真獣類の中の真アルコントグリレス類から猿・人類につながる種が約4000万年前に進化したと考えられている．齧歯目（ゲッシ目＝ネズミ目）は，旺盛な繁殖力と集団性を武器にして3000万年前には寒冷地を含めて世界中に拡散した．その結果,原モグラの主要な縄張りであった地面と落ち葉の隙間を齧歯目が制覇した．ネズミに追われて，原モグラの形態のまま地中にもぐったのが現在のモグラで，原モグラが持っていた鉤爪を生かして樹上逃避を試みたのが原猿（＝霊長目）である．サル・人類の祖先である初期原猿はネズミにも勝てずに樹上逃避するしかなかった弱者であった．この樹上への逃避行により，齧歯目の登場から1000万年に満たない間に，木の枝から枝に飛び移るための四足の親指の骨格の発達，さらには枝を掴めるまでの指の対向性を獲得した．

　人類は樹上生活していた霊長類のうち，アフリカに住んでいた類人猿から派生した．約580万年前のエジプトの地層から類人猿と分かれて直立二足歩行したラミダス猿人の化石が発掘された．次にアファール猿人の化石はエチオピアや南アフリカの250〜350万年前の地層から見つかっている．石を加工して石器を作っていたとされている．アファール猿人から2種の猿人が派生した．硬い植物を食べるために頑丈な顎を発達させた猿人と，肉食による動物性タンパク質の摂取によって脳を発達させ，石器を活用した猿人である．前者は約100万年前に絶滅し，後者の系統のホモ・ハビリス（脳容積は600 mlで，チンパンジーの300〜400 mlより大きい）が現在の人類に続いている．次のホモ・エレクトスは脳容積が850 mlで，生存場所もインドネシア（ジャワ原人20〜100万年前）や中国（北京原人35〜50万年前）に拡大した．ヨーロッパでは3〜25万年前の地層からネアンデルタール人が見つかっている．

　現生人類のホモ・サピエンスは，ミトコンドリアDNA分析の結果から約20万年前のアフリカで生まれたとされている．ホモ・サピエンスは厳しい氷期の気候にも適応して，世界各地に生存領域を広げた．ホモ・サピエンスは約10万年前にアフリカを出て中東に達し，北のヨーロッパへ向かったグループと，東に向かったグループに分かれた．東に向かったグループは南アジアを進み，インドネシアの島伝いにオーストラリアに達し（5〜6万年前）有袋類のみの世界であったオーストラリアを改変した．インドから東へ向かったグループは中国を経由してシベリアに

は 2.5 ～ 3.5 万年前に到達，さらに氷河に覆われたベーリング海峡を渡って約 1 万 2000 年前には北アメリカに到達した．

　南極の氷床コアの分析による過去の氷床量の変化から氷期での海水面の低下がわかっている．7 ～ 5 万年前の海水面は現在よりも数十 m ほど低かった．ホルムズ海峡はおそらく歩いて渡れたであろうし，ホモ・サピエンスの移動したインドの西海岸は現在より 50 km ほど沖合であった．日本列島に人類が住みはじめたのはおよそ 3.5 万年ほど前で，当時の海面水位は現在よりも数十 m 低く，琉球列島，日本列島，樺太が弧状に大陸とつながっており，日本海は大きな湖のような状態であった．したがって，当時の華北の優勢集団（古モンゴロイド）が朝鮮半島を経由して日本列島にやってきて縄文人の基盤となったと考えられる．

　人類の祖先が最初に火を使ったのは 140 ～ 20 万年前と時期は不確定であるが，それが人類の生存の幅を広げ，生活を便利にした．夜間の活動も可能となり，獣や虫除けにもなった．火の使用は栄養価の向上にもつながった．動物性タンパク質を加熱することで，栄養を摂取しやすくなった．

　集団で効率的に狩りをするホモ・サピエンスは地上で最強の狩猟者で，多くの動物を狩猟の対象とした．多くの大型動物が約 1 万年前に絶滅したが，それが氷期から間氷期に移行する時期に相当し，気温の変化により植生が変わって食物などがなくなって絶滅した種もあるが，人類によって滅ぼされた種もあると見られている

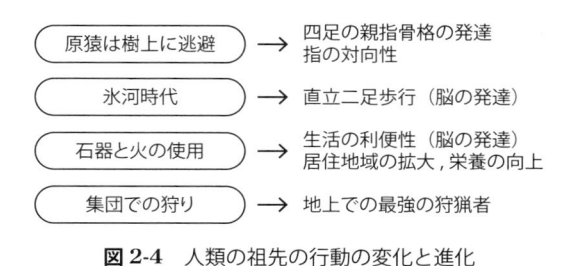

図 2-4　人類の祖先の行動の変化と進化

　(ま)(と)(め)　サル・人類の祖先である初期原猿はネズミとの生存競争に負けて樹上逃避した弱者であった．木の枝に飛び移るための四足の親指の骨格，指の対向性を獲得し，その後直立二足歩行するようになった．さらに，石器の使用，動物性タンパク質の摂取によって脳を発達させた．ホモ・エレクトスは脳容積を増やし，インドネシア，中国，ヨーロッパに拡大した．現生人類のホモ・サピエンスは，DNA 分析の結果から約 20 万年前のアフリカで生まれたとされている．

コラム

日本人のルーツ

　20万〜15万年前，アフリカ大陸において現生人類（ホモ・サピエンス）が出現した．その後6〜7万年前にはアフリカ大陸の対岸に位置するアラビア半島，イラン付近に進出し，ここを起点に北ルート，南ルート，西ルートの3方面に拡散した．南ルートをとった集団はオーストラリア方面に，西ルートをとった集団はヨーロッパ方面へと移動した．

　北ルートをとった集団は約5万年前にアルタイ山脈付近を経由して東アジア方面に進出し，モンゴロイドの前身となった．東アジア方面に進出した人々は，天然の要害であるヒマラヤ山脈・アラカン山脈が障害となって中東・インド亜大陸の人々との交流を絶たれ，独自の遺伝的変異・環境適応を成し遂げ，モンゴロイドが形成された．モンゴロイドとは，人類創始期の人種分類概念の一つで，東ユーラシア人全体が包括され，イヌイットやアメリカ先住民も含まれる．日本では一般に黄色人種・モンゴル人種とも訳される．

　最初に日本列島に住んだ後期旧石器時代人（縄文人）は古モンゴロイドであり，縄文晩期以降になって日本列島に渡ってきた農耕民は北方新モンゴロイドであると言われている．北方新モンゴロイドの影響が直接及ばなかったアイヌは古モンゴロイド的形質をそのまま残していると解され，地理的に本土から隔離された南西諸島の人々は新モンゴロイド的形質が比較的薄い傾向にある．

　最初に日本列島に住んだ時期は，4万年前〜2万年前と幅があるが，最終氷期の海面低下により島と島の距離が近くなっていたため日本列島に達しやすかったと考えられている．移動のルートとしては，朝鮮半島から対馬を経て北九州に，台湾から南西諸島を経て南九州に，シベリアから樺太を経由して北海道に至るルートがあったと考えられている．

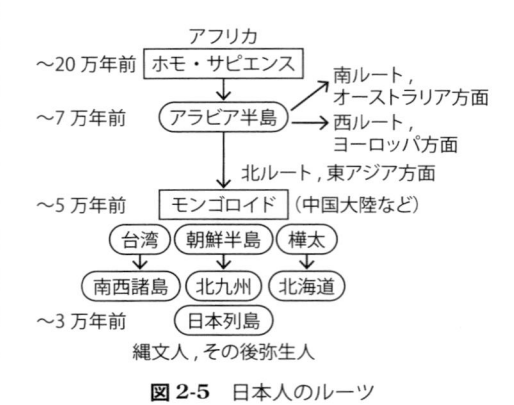

図 2-5　日本人のルーツ

第3章

大気と環境

地球の大気は産業革命以降人類が排出した物質によって急速に汚染されつつある．化石燃料の大量使用により，SO_x，NO_x，光化学スモッグ，PM2.5などのエアロゾルによる環境問題が生じている．本章ではこれら汚染物質の発生源とその対策，健康被害について紹介する．さらに，花粉の飛来による被害や森の大気浄化の役割についても紹介する．

1話　エアロゾルとは何か？

　気体中に浮遊する微小な液体または固体の粒子をエアロゾルという．エアロゾルは，その生成過程の違いから粉じん，ミスト，ばいじんなどと呼ばれ，また気象学では，視程や色の違いなどから，霧，もや，スモッグなどと呼ばれることもある．エアロゾルの粒径に関しては，1 nm 程度から 100 μm 程度までの広い範囲が対象となる．エアロゾルは人類が登場した当初から，土壌粒子，海塩粒子，火山ガス，火を使うことによる燃焼ガスによるものがあった．しかし，産業革命以前はエアロゾルの存在はそれほど問題にはならなかった．1952 年 12 月に起きたロンドンスモッグ事件では石炭の大量使用で発生した SO_x が原因で喘息などの呼吸器の疾患によって 1 万人以上が死亡した．その後も化石燃料の大量使用が続き，SO_x，NO_x，光化学スモッグ，PM2.5 などのエアロゾルによる深刻な環境問題が生じた．

　エアロゾルは害となる役割だけではない．南極ではハーと息を吐いても息が白く見えない．これは南極では空気が澄んでいてエアロゾルの濃度が少ないため露点以下の温度でも水蒸気が水滴にならない．もし，大気中のエアロゾルの濃度が南極のように少なかったら地球上の降雨が極端に少ないと考えられる．大気中のエアロゾルが過飽和水蒸気を凝結させる役割をしているお陰で，私たちは雨によってもたらされる水を利用できている．また，エアロゾルの大きさは 0.1 ～ 10 μm 程度が多いので可視光線の波長と同程度かそれより大きいので太陽光を散乱する効果があり，気象に影響を与える．

　エアロゾルの発生源としては，自然由来のものとして，土壌粒子，海塩粒子，火山ガス，森林火災，カビやキノコの胞子，花粉，海洋プランクトンからくるものなどがある．人為由来のものとして，工場，家庭，自動車などでものを燃やしたときに出るスス，煙，硫黄酸化物や窒素酸化物，アスベスト粒子などがある．

　これらの粒子のうち直接大気中に放出される微粒子を「一次生成粒子」という．一次生成粒子は 10 μm ～ 1 mm までの粗大粒子が多く，滞空時間は数分から数時間で，数 km ～数十 km を移動する．一次生成粒子は，粉塵，スス，土壌粒子，海塩粒子，タイヤ摩耗粉塵，花粉，カビの胞子などからなっている．

　気体として放出されたものが，大気中で微粒子として生成されるものを「二次生成粒子」という．二次生成粒子は，燃焼の過程で生じた気体が大気中に漂うなかで，化学反応，核生成，凝縮，水滴への溶解，析出などによって液体や固体の粒子にな

ることで生成される．二次生成粒子の生成から大気汚染に至るまでの過程を**図 3-1**
に示す．二次生成粒子は 0.1 〜 10 µm の微小粒子が多く，滞空時間は数日から数
週間で，数百〜数千 km を移動する．成分では，硫酸塩，硝酸塩，アンモニウム
塩，有機化合物，金属や水を含んだものなどである．発生源は，石炭や石油，木
材の燃焼，原材料の熱処理，製鉄などの金属製錬，ディーゼルエンジンの排ガスな
どである．

　二次生成粒子のうち硫酸エアロゾルは，二酸化硫黄（SO_2）が化学反応を起こし
て生成したものである．SO_2 は大気中の酸素や水蒸気と反応して硫酸（H_2SO_4）に
なる．硫酸は揮発性が低いのですぐに硫酸の細かい液滴になり，硫酸のエアロゾル
になる．大気中にはアンモニアガスも一定程度含まれているので，アンモニアガス
が近くにあると硫酸と反応して固体の硫酸アンモニウムゾルになる．

　二次生成粒子のうち硝酸エアロゾルは，主として二酸化窒素（NO_2）が化学反応
によって生成したものである．NO_2 が大気中にある OH ラジカルと反応すると，硝
酸（HNO_3）ができる．硝酸は揮発性が高いので生成したときは気体であるが，ア
ンモニアガスが近くにあると反応して硝酸アンモニウムになり，固体のエアロゾル
となる．ただ，硝酸アンモニウムは熱的に不安定で，温度が高いと硝酸ガスとアン
モニウムガスに分解する．硝酸ガスは大気中に漂うなかで大きな粒子である土壌粒
子や海塩粒子に吸着されやすい．

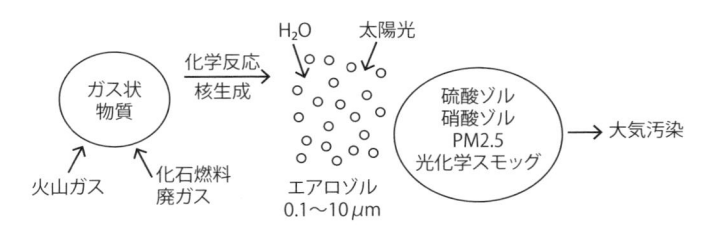

図 3-1　エアロゾル（二次生成粒子）が大気汚染に至るまでの過程

　(ま)(と)(め)　エアロゾルは気体中に浮遊する微小な液体または固体の粒子で，大き
さは 1 nm から 100 µm までの広い範囲である．エアロゾルには土壌粒子，海塩粒子，
火山ガスなど天然由来のものもあるが，近年では化石燃料の大量使用により，SO_x,
NO_x, 光化学スモッグ，PM2.5 などのエアロゾルによる環境問題が生じている．一方，
エアロゾルは雲粒の凝縮核となり雨を降らせる働きや日射を遮る効果もある．

2話　窒素酸化物はどのように発生するか？

　窒素酸化物は，窒素原子（N）と酸素原子（O）が結合して生成される物質の総称で，NO_x と表示される．窒素酸化物には，一酸化窒素（NO）と二酸化窒素（NO_2）以外に亜酸化窒素（一酸化二窒素）（N_2O），三酸化二窒素（N_2O_3），四酸化二窒素（N_2O_4），五酸化二窒素（N_2O_5）などの化合物があるが，大気汚染物質として重要なものは，NO と NO_2 で，大気汚染の分野では窒素酸化物といえばこの両者のことを指す．大気の常時監視では，自動測定機を用いて NO と NO_2 をそれぞれ独立に測定している．

　窒素酸化物が生成される要因としては次の二つがある．一つは，石油などの燃料が燃焼する際に，燃料中に含まれている窒素が，燃焼時に大気中の酸素と反応して生成されるもので，燃料（fuel）に由来するため fuel NO_x と呼ぶ．もう一つは，燃料などが高温で燃焼する際に，空気中の窒素が，空気中の酸素と反応して生成するもので，高温燃焼時の熱（thermal）に由来するため thermal NO_x と呼ぶ．例えば，天然ガスボイラーの排ガスや石炭が燃焼した場合の窒素酸化物はそのほとんどが燃料中の窒素化合物に由来することが知られている．

　工場や事業場のボイラー（重油，都市ガスなど），自動車のエンジン（ガソリン，軽油など），家庭のコンロやストーブ（都市ガス，プロパンガス，灯油など）などで燃料などを燃焼させると，その過程で必ず NO_x が発生し，燃焼温度が高温になるほど発生量が多くなる．発生源（工場の煙突や自動車の排気管など）から大気中に NO_x が排出される段階では，そのほとんどは NO が占めているが，大気中を移動する過程で大気中の酸素と反応して NO_2 に酸化されるため，大気中では NO と NO_2 が共存している．窒素酸化物は，大気汚染防止法で「ばい煙」に指定されており，代表的な大気汚染物質として，大気汚染防止法で規制・監視の対象となっている．気体状の空気汚染物質のうち，二酸化硫黄（SO_2）などの硫黄酸化物（SO_x）は，石油や石炭などの化石燃料が燃える際に発生する．日本では高度経済成長の時代に，工場の煙などに含まれる SO_x による大気汚染が進行して四日市喘息などを引き起こした．現在は，脱硫装置の導入などいろんな対策や規制の結果，その濃度は急速に減少し，大きな問題とはなっていない．しかし，光化学スモッグを生成する原因物質の一つなので，その意味での問題は残っている．

　これに比べて NO_x の低減技術は空気中の窒素含有量が多いこともあって，より困難である．燃焼方法の改善は，現行の排出規制に応じて実用化されてきた技術が

ある．しかし，燃料中の窒素化合物に起因するものを除去できないので，窒素分の少ない軽質燃料とこの方法との組合せが進められている．脱硝技術のうち，LPG，LNG のような軽質燃料の燃焼排ガスについての技術は，実用化の域に達している．しかし，全固定発生源において使用されているエネルギーの約6割を占める重油や原油の燃焼排ガスについての脱硝技術はなお開発途中である．

　自動車についての窒素酸化物の排出低減技術としては，ガソリンエンジンに対してはいろいろな方式などが実用化されていて，さらなる低減化の研究開発が進められている．ディーゼル車やトラックなどの排出する窒素酸化物は排出量が多いにもかかわらず技術的に困難で，現在自動車からの NO_x 排出の大部分を占めている．軽油燃料には不純物や窒素分も多いのでこれを取り除く技術はまだ開発途中である．

　窒素酸化物の人体への影響については，NO_2 に関しては報告例が多くあるが，NO に関しては少ない．NO は血液中にまで入ってメトヘモグロビンを作り，中枢神経に作用して痙れんや麻痺を起すと考えられている．NO_2 は刺激性で，NO より水に溶けやすいため肺組織に吸収されて，のど，気管，肺などの呼吸機能に悪影響を与える．高濃度の NO_2 は急性気管支肺炎，閉塞性気管支炎を起し，重症時には肺水腫により死亡する．NO_2 の慢性影響も主に呼吸器に対する障害である．

　窒素酸化物は，揮発性有機化合物（VOC）とともに紫外線により光化学反応を起こして光化学オキシダント（O_x）を生成し，光化学スモッグの原因ともなる．

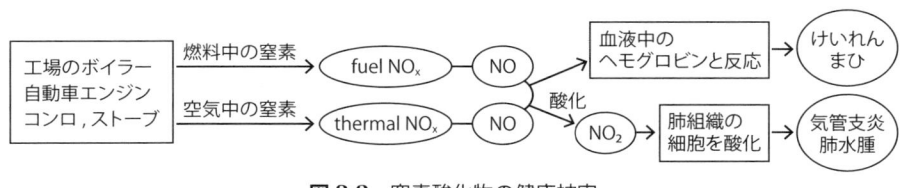

図3-2　窒素酸化物の健康被害

⓯⓰⓱　窒素酸化物の中で大気汚染物質として重要なのは NO と NO_2 で，NO_x と表示される．NO_x には，燃料中に含まれている窒素が燃焼時に酸素と結合して生成する fuel NO_x と，燃料が高温で燃焼する際に空気中の窒素と酸素が反応して生成する thermal NO_x とがある．工場のボイラー（重油，都市ガスなど）と自動車のディーゼルエンジンの排ガスが NO_x の主原因である．NO は血液中に入って痙れんや麻痺を起し，NO_2 は肺組織に吸収されて呼吸機能に障害を与える．

3話　PM2.5 はどのように発生するか？

　PM2.5 は大気汚染物質の一つで，大気中を浮遊する粒子径 2.5 μm 以下の微粒子の集合である．粒子の大きさを直接測定することが困難なので，ある粒径分布を持った粒子群が 50 % の捕集効率で分粒装置を透過する微粒子として定義されている．

　エアロゾルのうち煤煙，粉塵，土壌粒子，海塩粒子，タイヤ摩耗粉塵，花粉，カビの胞子などの一次生成粒子は粗大粒子（10 μm 以上）が多いので，PM2.5 の原因物質とはならない．

　PM2.5 は二次生成粒子として形成されるものがほとんどである．二次生成粒子は，化学反応，核生成，凝縮，水滴への溶解，析出などによって生成される．自然起源の発生源は，火山ガス，イソプレンやテルペンなど植物由来の揮発性有機化合物（VOC），海洋でのプランクトンから放出された COS などの硫黄酸化物が成層圏で紫外線を受けて反応して硫酸ゾル化したものなどがある．人為起源の発生源は，石炭や石油，木材の燃焼，原材料の熱処理，製鉄などの金属製錬，ディーゼルエンジンの排ガスなどである．二次生成粒子の滞空時間は数日から数週間で，数百〜数千 km を移動する．

　2008 年度に東京都内で測定された PM2.5 の組成の主なものは，硫酸イオン SO_4^{2-}（22 %），有機炭素 OC（18 %），アンモニウムイオン NH_4^+（11 %），硝酸イオン NO_3^-（10 %），元素状炭素 EC（7 %）となっている．このうち有機炭素はさまざまな揮発性有機化合物（VOC）と呼ばれる気体の有機化合物（人為起源および自然起源）が大気中における化学反応（主に光化学酸化反応）を受けて，カルボン酸などの揮発性の低い化合物となって粒子化したものである．

　PM2.5 の原因物質の主要な部分をしめるのが，SO_x や NO_x である．SO_x や NO_x は大気中で水と反応して硫酸ゾルや硝酸ゾルとなり，それらはさらに大気中のアンモニアガスと反応して固体の硫酸アンモニウムや硝酸アンモニウムの微粒子となる．

　ディーゼル自動車はガソリン車と違って燃料と空気を予備混合せずに直接燃料を噴射して反応させるので，完全燃焼せずにススができやすい．ススの成分は元素状炭素で，黒色である．さらに，ベンゼン環が 4 個連なったピレンや 5 個のベンゾピレンなどの多環芳香族化合物（PAH）も生成する．これらの粒子径は 1 μm 以下が 90 % 以上を占め，PM2.5 の構成物質の一つとなる．また，ベンゾピレンは発がん性物質でもある．1990 年代にはディーゼルのトラックとバスによる首都圏の大

気汚染が悪化したが，東京都の石原知事が黒いススが入ったビンを手にディーゼル排ガスの規制強化を訴えた．ディーゼル車は燃費が良いのでヨーロッパを中心に普及しているが，燃費の良さと排ガス対策の両方を満たすのは困難である．2003 年からは東京都などで排ガスに対する厳しい条令が施行され，首都圏の大気汚染が改善に向かっている．

　粒子状物質の健康被害は，人間が呼吸を通して微粒子を吸い込んだとき，鼻，のど，気管，肺など呼吸器に沈着することで起こる．粒子径が小さいほど，肺の奥まで達して沈着する可能性が高く，沈着部位は粒子径によって複雑な変化をする．肺機能の低下，喘息の悪化，気管支炎の慢性化，不整脈などの症状があり，発がん性の可能性も指摘されている．

　世界保健機関（WHO）は，公衆衛生の進展度が異なる各国が環境基準を定める際のガイドラインとして，粒子状物質を含む大気質指針を定めている．それによると，PM10 は 24 時間平均 50 μg/m³，年平均 20 μg/m³，PM2.5 は 24 時間平均 25 μg/m³，年平均 10 μg/m³ となっている．この大気質指針が理想だが，これより数倍ゆるい暫定目標を示し，各国の状況に応じて独自の基準を設定することを認めている．

　日本では 1972 年に浮遊粒子状物質（SPM）の基準を初めて設定した．現状では，PM2.5 が 1 年平均値 15 μg/m³ 以下，かつ 1 日平均値 35 μg/m³ 以下であることとなっている．基準を上回る状態が継続すると予想されるときは，大気汚染注意報を発表して排出規制や市民への呼びかけを行うことが規定されている．

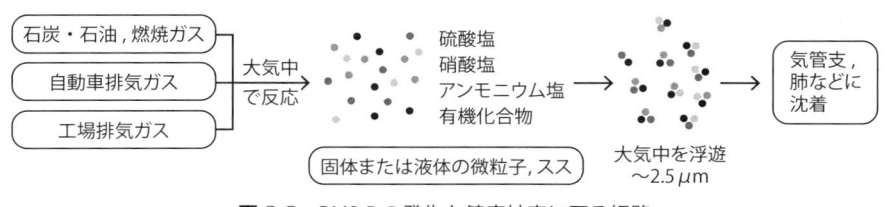

図 3-3　PM2.5 の発生と健康被害に至る経路

　(ま)(と)(め)　PM2.5 は，粒径が 2.5 μm 以下の微粒子で大気汚染物質である．粒子状物質は人の呼吸器系に沈着し，粒子が小さいほど健康被害が大きい．発生源は，火山ガス，石炭や石油，木材の燃焼ガス，自動車などのディーゼルエンジンの排ガスが主である．日本では首都圏などで一時 PM2.5 などによる大気汚染が悪化したが，ディーゼル車規制により改善された．

4 話　PM2.5 は中国からどのようにやってくるか？

　中国の粒子状物質濃度は経済発展などにより，資料が確認できる 1990 年ごろには すでに深刻なレベルに達していた．その後も，自動車保有台数の爆発的な増加，発電用や暖房用の石炭の使用，粉塵などによりさらに大気汚染が悪化した．中国ではガソリン精製時にガソリンから硫黄分を取り除く脱硫率が低いため，自動車排ガスによる PM2.5 の増加が特に著しい．日本やヨーロッパではガソリンや軽油の硫黄含有率の基準は 10 ppm であるが，中国のほとんどの地域で 150 ppm と 15 倍にもなっている．北京や上海ではより厳しくなっているが，ほとんどの地域で硫黄分の多いガソリンを使っていることが大気汚染悪化の大きな要因である．さらに，発電用や暖房用に硫黄分の多い石炭を使っていることも大きな要因である．

　2013 年 1 月には北京を含む華北を中心として激しい汚染が 3 週間も継続した．呼吸器疾患患者が増加したほか，工場の操業停止や道路・空港の閉鎖などの影響が生じた．12 日には北京市内の多くの地点で中国独自の PM2.5 の環境基準（日平均値 75 μg/m^3）の 10 倍に近い 700 μg/m^3 を超え，月間でも環境基準を達成したのは 4 日間だけとなった．この汚染の様子は他国にも報じられ，韓国や日本への越境汚染が懸念される事態となった．北京での PM2.5 の濃度上昇の原因は，22 % 強が自動車排気ガス，17 % が発電用や暖房用の石炭燃焼，16 % が粉塵，16 % がペイント塗装，4.5 % が農村におけるわらなどの焼却によると分析されている．PM2.5 の濃度上昇が冬において著しいのは，暖房用の石炭使用が増えることがある．さらに，冬になると大陸の地面は冷やされるので大気の対流が起こりにくくなって，発生した汚染物質が拡散しにくくなる効果もあると考えられる．

　中国大陸から PM2.5 が日本に飛来する時期は夏は少ない．その理由は海は暖まりにくく冷めにくいので，夏は陸に比べて冷えているので太平洋高気圧の勢力が強い．そのため南東からの風が吹きやすく，中国大陸からの汚染物質が日本にあまりやってこない．中国大陸から PM2.5 が日本に飛来するのは秋から春にかけてである．冬に大陸の高気圧の勢力が強いときは西高東低の気圧配置となり北西の季節風が強く吹くので PM2.5 などの汚染物質が日本にやってくるが，その濃度はあまり高くない．その理由は北西の季節風が強く吹くためハワイ，北米，カナダまで広く拡散するためと考えられる．日本に高濃度の PM2.5 が飛来するのは，西高東低の気圧配置が一時的に緩んで低気圧や移動性の高気圧が日本付近を通過する場合で，10 ～ 11 月ま

たは 2 ～ 3 月に起こりやすい．例えば，上海付近に移動性の高気圧がある場合は，北西の下降気流が九州から南西諸島に向かって吹き降ろす形で汚染物質がやってくる．

　大陸から日本に汚染物質が飛来するまでに汚染物質がどのように変化しているか調べるために飛行機を用いたサンプリング調査が行われている．それによると，SO_4^{2-} と NH_4^+ の比は大陸では小さくほとんど中和されているのに，大陸から離れるにしたがって大きくなることがわかった．これは汚染物質に含まれる SO_2 が大気中で酸化されて硫酸ゾルとなるが，NH_4^+ のほうは海上で発生源がないためである．そのため大陸では中和されていたエアロゾルが長距離輸送によって酸性となっている．また，粒子の大きさと SO_4^{2-} と NO_3^- 濃度との関係を調べると，SO_4^{2-} は小さい粒子として存在するのに対して NO_3^- は大きい粒子に多く含まれていた．これは SO_4^{2-} は SO_2 が酸化して硫酸ゾルに素早く変化するのに対して，NO_3^- は NO_x の酸化で生ずる硝酸は気体として存在しやすいために黄砂などの大きい粒子に吸着されやすいためと考えられる．したがって，黄砂には硝酸が含まれていることに注意する必要がある．**図 3-4** に，中国での PM2.5 汚染の理由と日本への飛来中の変化の様子を示す．

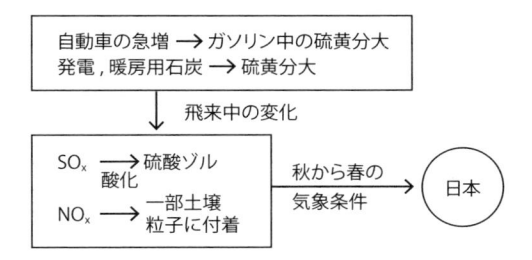

図 3-4　中国での PM2.5 汚染の理由と日本への飛来中の変化

　　(ま)(と)(め)　中国では大気汚染が悪化して PM2.5 濃度が大きくなっているが，暖房用の石炭使用が多い冬の前後に日本に多く飛来する．秋から春にかけて冬型の気圧配置が一時的に緩む気象条件のときに飛来しやすい．飛来中に SO_x が酸化して硫酸ゾルに変化する．NO_x はアンモニウム塩になっていたものが，飛来中にアンモニアの補給がないので硝酸酸性になる．NO_x は飛来中に土壌粒子に吸着しやすい．

5話 光化学スモッグはどのように発生するか？

　ロンドン型スモッグと異なり，1960年代に起きた光化学スモッグは気温の高い晴天の多いアメリカのロスアンゼルス周辺で最初に知られるようになったので「ロスアンゼルス型スモッグ」または「白いスモッグ」と呼ばれている．光化学スモッグは，オゾンやアルデヒドなどからなる気体成分の光化学オキシダント（酸化性物質）と硝酸塩や硫酸塩などからなる固体成分の微粒子が混合して，周囲の見通しが低下した状態をいう．光化学オキシダントは，工場，自動車などの排ガスから出てくる窒素酸化物と炭化水素とが光化学反応を起こし生じるオゾンやアルデヒドなどの酸化性物質である．

　オゾンはNO_x（NOとNO_2）と揮発性有機化合物（VOC）を原料とし，太陽の紫外線によって起こる光化学反応により生成する．主な反応はNO_2が紫外線を受けてNOと原子状の酸素Oに分解し，原子状の酸素Oが近くに存在する酸素O_2と反応して$O_2 + O \rightarrow O_3$（オゾン）となる反応である．このようなオゾンの生成はアルデヒドなどのVOCが近くに存在すると加速される．有機ラジカルやOHラジカルが関与して連鎖反応が進みやすくなる．成層圏に存在するオゾンは有害な紫外線から私たちを守ってくれるが，同じオゾンであっても，地上近くのオゾンは人間には有害な存在である．

　一方，光化学スモッグが起こる条件では，NO_xやSO_xが高濃度で存在することが多い．NO_xは酸化されて硝酸（HNO_3）になり，さらに周囲のアンモニアガスと反応して硝酸アンモニウム（NH_4NO_3）の固体の微粒子となる．SO_xも同様に酸化されて液体の硫酸ゾル（H_2SO_4）になり，あるいはさらにアンモニアガスと反応して硫酸アンモニウム（$(NH_4)_2SO_4$）の固体の微粒子となる．これらの固体や液体の微粒子はPM2.5と呼ばれるものである．光化学スモッグにはオゾンなどの酸化性の物質とPM2.5が混合している．光化学スモッグ中にあるPM2.5の微粒子によって太陽光が散乱されるので，光が私たちの目に届く割合が減って視程が悪くなる．

　光化学スモッグは，夏の暑い日の昼間に多く，特に日差しが強く風の弱い日に起きやすい．風が強いと原因物質が拡散するからである．光化学スモッグが発生すると，目やのどの痛み，めまい，呼吸障害，頭痛などの健康被害が生ずる．

　日本での大気の環境基準では光化学オキシダントの1時間値が0.06 ppm以下と設定されている．2012年までの数年間において，全国1100局ある測定局で基準

の 0.06 ppm を一度も超えたことのない局は 1 ％以下である．光化学オキシダントの 1 時間値が 0.12 ppm を超えると光化学スモッグ注意報が発せられる．光化学スモッグは 1970 年代に顕著になり，注意報などの発表延べ日数は，1973 年に 300 日を超えてピークに達した．その後注意報の発表が減少しているが，0.06 ppm 以下という基準の達成は厳しい状態である．

有害なガス成分は市販のマスクなどでは除去しにくいため，光化学スモッグ注意報や警報が発令されたときは，窓を閉め，外出を控えることが最善の対策となる．目やのど，皮膚などに光化学スモッグ障害の症状が現れた場合に軽症であれば，洗眼やうがいをしたり，皮膚を洗い流したりすることが有効である．洗浄後，清浄な空気の室内で安静にしていれば症状は消失することが多い．

光化学オキシダントの環境基準である 1 時間値が 0.06 ppm 以下の達成が困難である一つの理由は大陸由来の NO_x や SO_x の飛来である．中国での SO_x 発生量は日本の 20 倍以上あるが，日本での光化学スモッグへの影響は限定的である．一方，NO_x や VOC によって生成するオゾンや二次生成エアロゾルは大気中の寿命が長いので海を越えて日本にくる確率が高くなる．日本国内および日本海にある隠岐島での同時観測から大陸由来のオゾンが常に 0.04 ppm あることがわかっている．さらに，長崎県福江島での観測から中国からきたと考えられる PM2.5 が増えていることがわかっている．

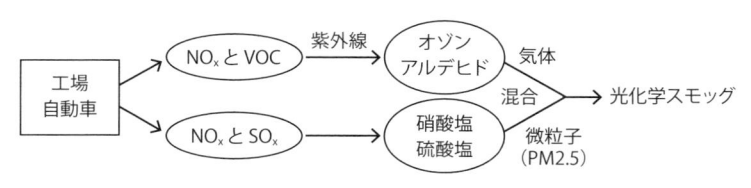

図 3-5　光化学スモッグの発生過程

(ま)(と)(め)　　オゾンとアルデヒドなどの光化学オキシダントは NO_x と揮発性有機化合物を原料とし，紫外線によって発生する．光化学スモッグは，光化学オキシダントと硫黄化合物や窒素化合物とが混合して発生する．これらの濃度が高くなると目やのどの痛み，めまい，頭痛などの健康被害を生ずる．光化学オキシダントの 1 時間値が 0.06 ppm 以下という環境基準の達成が厳しいが，大陸からの寄与も大きい．

6話　花粉でなぜアレルギーになるか？

　春先にスギ，ヒノキなどの花粉が飛んで，アレルギー症状を起こす人たちが増えている．花粉は風や虫などによって運ばれ，植物の繁殖にとって大切な役割をしている．飛散時期は，スギ花粉が2月から4月の中旬ぐらいまで，ヒノキ花粉が3月から5月までである．スギ花粉症は約2500万人が患っていると考えられている．

　花粉症の報告は戦前にはほとんどなかった．戦後復興や都市開発などで日本では木材の需要が急速に高まったが，国内木材は不足気味であったため，各地にスギ，ヒノキなどの植林を大規模に行った．その結果，1970年以降，スギ花粉の飛散量は爆発的に増加し，花粉症患者の増加につながった．外国からの輸入木材に押されて国内木材の需要が低迷したため，大量に植えたスギの伐採や間伐が停滞し，スギの個体数が増加したことも花粉症が増加する要因となっている．一方，都市化により土地がアスファルトやコンクリートなどで覆われ，一度地面に落ちた花粉が風や車の通行で何度も舞い上がって再飛散する状態になっている．加えて，自動車，工場の排気ガスや光化学スモッグなどを長期間吸引し続けることによりアレルギー反応が増幅され，花粉症を発症，悪化させているとも言われている．

　スギ花粉は$20 \sim 40\,\mu m$，ヒノキ花粉は$30 \sim 40\,\mu m$の大きさである．スギ花粉は風に乗って遠距離を飛散し，飛距離は数十km以上，ときには300 km以上も飛び，花粉の飛散量が多いほど花粉症の発生患者は増加傾向となる．症状は，くしゃみ，鼻水，鼻詰まり，目のかゆみに加え，咳などののどの疾患や肌のかゆみなどが発生する．重症化すると，喘息，気管支炎，頭痛，発熱が起こることもある．

　アレルギーとは，免疫反応が特定の抗原（アレルゲン）に対して過剰に起こることをいい，免疫反応は外来の異物（抗原）を排除するために働く生体にとって不可欠な生理機能である．アレルギー反応が正当な防衛であっても，過剰に反応することで自分の体に障害を与えてしまうものにもなる．

　アレルギー反応には四つの種類があり，花粉症はハウスダスト，ダニ，真菌などと同じI型に分類されている．I型反応の場合，異物が侵入してきたときに迎え撃つのは免疫グロブリン（Ig）という抗体である．Ig抗体には5種類あるが，花粉症，アトピー性皮膚炎，喘息などのアレルギー性疾患に関係しているのがIgE抗体である．すべての人の血液にはIgE抗体が1 mL中に0.03 ng程度含まれているが，アレルギー性疾患があると，その数百倍になる．

　異物である花粉（抗原）が鼻や口を経由して体内に侵入し，鼻粘膜などに達すると，IgE 抗体が生まれる．IgE 抗体は，血液中の主に鼻関連リンパ組織内で生まれ，鼻，目，のど，気管の粘膜に広く分布している肥満細胞に結合し，抗体ができる．一度この抗体ができた人体に再び花粉が侵入すると，速やかに排除しようとして抗原抗体反応が起こる．この刺激が細胞内に送られると，ヒスタミン，セロトニンなどの生理活性物質を放出し，これにより血管拡張などが起こり，くしゃみ，鼻水，鼻詰まり，かゆみなどの症状を引き起こす．**図3-6** に花粉症の発生経路を示す．

　大気汚染物質の中でもディーゼル排気中の微粒子（DEP）は，花粉症に対してアジュバント作用があると言われている．アジュバント作用は，体がスギ花粉などを外敵だと認めるのを手助けする作用である．DEP が体内に入ると通常の 3 ～ 4 倍もの抗体が生み出され，花粉に敏感に反応するようになるという報告がある．

　花粉症には根治療法がないのが実情で，対症療法が行われている．処方薬物としては，抗ヒスタミン薬，第二世代抗ヒスタミン薬などの抗アレルギー薬やステロイド，漢方薬などが用いられている．

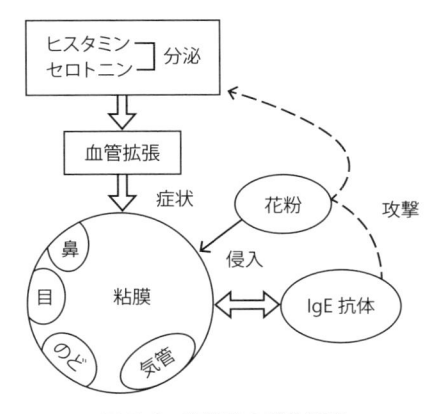

図 3-6　花粉症の発生経路

> **ま と め**　　アレルギーは免疫反応として特定の抗原に対して過剰に反応することで，自分の体に障害を与えるものである．異物である花粉が鼻粘膜などに達すると抗体が生じ，鼻，目，のど，気管の粘膜に分布している肥満細胞に結合し，生理活性物質を放出する．これにより血管拡張などが起こり，くしゃみ・鼻水・鼻詰まり・かゆみなどの症状が現れる．花粉症に対して，ディーゼル車から排出される微粒子（DEP）が症状を助長する作用があると言われている．

7話　森の空気はなぜおいしいか？

　都会に住んでいる人が，森へ行くと空気をおいしく感じるのは気のせいなのだろうか？　森の環境は緑が多く目に優しいし，小川のせせらぎや小鳥の声などが聞こえてからだ全体でリラックスできる効果がある.

　森にはおいしい水をつくる力がある. 森の地面には落ち葉や枯れ枝と土の中にすむ生き物によって地面はとても柔らかくなっていて，雨を吸収する. 森のこの働きのおかげで，大雨が降っても洪水などが起こりにくくなっている. 森に降った雨は地面の中にしみ込むが，その過程で水はろ過され，不純物などが取り除かれていく. また，岩や石の間を流れる間にミネラルを吸収し，おいしい水ができる. 森の水がおいしいことが森の空気がおいしいことにつながっている.

　都会と森の空気を比較すると，一つのポイントは酸素である. 人間にとって酸素は非常に大切で，酸素を体中に運ぶことによって体が順調に機能する. 都会と森の酸素の量を比較した場合，都会では自動車・工場・人間などが吐き出した二酸化炭素や，窒素酸化物・二硫化酸素・一酸化炭素，浮遊粒子状物質などが多い状態になっている. 森の場合は，植物が二酸化炭素や窒素酸化物などを吸って酸素を吐き出すため，都会より汚染物質が少なく酸素の割合が多い. 酸素の含有量が多い森であれば，清々しい気分になり，空気がおいしいと感じることにつながると思われる.

　森の空気をおいしいと感じるのは気のせいではなくて，木々からフィトンチッドと言われるいい香りの成分が出ているからである. このフィトンチッドは，さまざまな微生物や昆虫から身を守るために，植物がつくり出していると考えられている. また，フィトンチッドには消臭効果などもあり，空気を浄化する力を持っているとも言われている. 森には癒しやリラックスの効果があるのはフィトンチッドのためである.

　フィトンチッドは，微生物の活動を抑制する作用をもつ，あらゆる植物の根・幹・枝・葉から発散する化学物質である. 現在のロシア，レニングラート大学のトーキン教授が命名した名前で，フィトン（植物），チッド（殺す）と言う意味である. フィトンチッドは植物が傷つけられた際に放出する殺菌力を持つ揮発性物質で，アルカロイド，配糖体，有機酸，樹脂，タンニン酸などの複合物質である.

　どんな植物でも，生命活動の過程の中で新陳代謝に関連して，病原微生物と戦うのを助ける揮発性物質フィトンチッドを分泌する. フィトンチッドによって植物は

自らを消毒し，殺菌している．似たような性質の物質にファイトアレキシンがある．ファイトアレキシンは植物が昆虫に食害されたり病原菌に感染したときだけ生合成されて，昆虫を忌避させたり病原菌を殺菌する物質である．これに対してフィトンチッドは常時生合成されている．ファイトアレキシンはフラボノイドやテルペノイドに属するものが多く，分子量が大きく揮発性はずっと低い．フィトンチッドの元の意味から外れて，ファイトアレキシンも含めた殺菌力を持つ物質全般や，植物が生合成する生理活性物質全般をも総称してフィトンチッドということもある．

　フィトンチッドは空気中の成分としては希薄だが，ある学者の計算によると，地球上の全植物から 1 年間に放出されるフィトンチッドの量は，約 1 億 7 500 万トンになる．フィトンチッドは嫌なニオイを消しながら，目に見えないダニやカビ，細菌を抑制する．フィトンチッドは空気をきれいにするのはもちろんのこと，免疫力を向上させ，アトピー，花粉症，喘息などのアレルギーやストレス，イライラも軽減すると言われている．

　最近は，森林の効果を，こころとからだの健康に活かす試みも始まっている．森林浴は，木々の緑や花の色，木々や土の香り，川のせせらぎや鳥の鳴き声，樹皮や葉の肌触り，森に息づく命などをからだ全体で感じることである．このように森林の力を利用して，医療やリハビリテーション，カウンセリングなどに応用することを「森林セラピー」という．

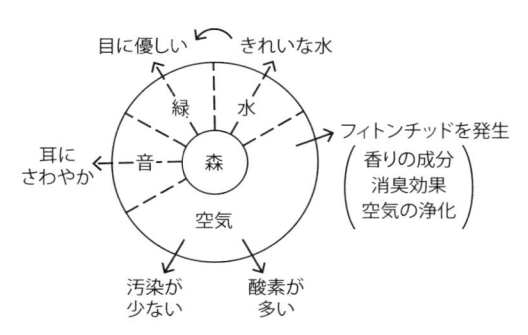

図 3-7　森の環境と空気がおいしい理由

　ま と め　　森では植物が二酸化炭素や窒素酸化物などを吸って酸素を吐き出すため，汚染物質が少なく清々しい気分になる．森の空気をおいしいと感じるのは気のせいではなくて，植物からフィトンチッドと呼ばれるいい香りの成分が出ているからである．フィトンチッドは嫌なニオイを消しながら，目に見えないダニやカビ，細菌を抑制し，消臭効果，空気を浄化する力を持っていると言われている．

コラム

公害と大気汚染

　最初に顕著な公害問題が生じたのが1952年のロンドンスモッグ事件であった．大気汚染によって1万人以上の死者が出た．原因は火力発電所や暖房用に石炭を大量に使った結果，石炭に含まれる硫黄から出た二酸化硫黄が高濃度になったためである．目の痛み，のどや鼻の痛み，咳が止まらず，気管支炎，気管支肺炎，心臓病などの重症患者が発生した．

　日本での公害問題としては，水俣病やイタイイタイ病などが知られている．水銀やカドミウムのような毒性の高い汚染物質を含む排水が原因である．一方，大気汚染が原因の公害問題としては，1960年代に発生した四日市ぜんそくがある．石油化学を主体とした四日市コンビナートの排気ガスに含まれる有害物質（主として二酸化硫黄）が原因とされた．四日市ぜんそくの症状はロンドンスモッグの場合と同様である．その後，対策として，四日市に限らず全国でも工場に脱硫装置が取り付けられ，大気中のSO_xの濃度が減少し，日本での大気汚染の問題は収束に向かうかに見えた．

　しかし，高度成長による化石燃料の大量使用に加えて急速な自動車保有台数の増加があり，SO_x，NO_x，ススなどから生ずるPM2.5，さらにVOCなどが加わって生ずる光化学スモッグが発生するなどの複合汚染の問題を解決できていない．

　複合汚染の問題は自国の対策だけでは解決できなくなってきている．中国からの越境汚染が半分程度は寄与していると考えられるからである．中国の大気汚染の主な原因は，硫黄分の多い石炭や硫黄分の多いガソリンを使っているためである．したがって，ロンドンスモッグ，四日市ぜんそくの延長線上に，中国の大気汚染の問題がある．日本は，今までの経験を基に，複合汚染の問題を含めて，より積極的に中国の大気汚染の解決に協力すべきである．

第4章

地球環境問題

人間の活動によって生成される二酸化炭素などの温室効果ガスが地球温暖化の主因であるという説が主流となっている．温暖化は海面上昇，洪水や干ばつ，酷暑やハリケーンなどの異常気象や生物種の大規模な絶滅を引き起こすと指摘されている．この章では，オゾン層の破壊，酸性雨，砂漠化，生物種の減少，熱帯雨林の減少など地球規模の環境問題について紹介する．

1話　二酸化炭素の増加で地球がなぜ温暖化するか？

　地球温暖化は，人間の活動による二酸化炭素などの温室効果ガスが主因であるという説が主流である．気候変動に関する政府間パネル（IPCC）第5次報告書によると，**図4-1**に示すように，北半球の平均気温は1000〜1880年まではほぼ一定だったものが，1880年から2012年まで0.85℃も上昇していると評価されている．2018年現在，上昇幅は約1℃とされている．

　IPCC第4次報告書による南極の氷のデータから分析した二酸化炭素濃度の過去40万年の変化によると，その変化は約10万年周期で増減を繰り返している．ところが，直近の1000年間を見ると，1700年以降急激に増加している．これは過去40万年間には見られなかった異常な増加で，主として化石燃料の使用による二酸化炭素などの温室効果ガスの影響と推論されている．

　太陽エネルギーは地球表面に吸収されるが，宇宙空間にも放出される．もし地球の大気に温室効果がなければ，吸収されたエネルギーと放出されたエネルギーとが等しくなり，地球の平均気温は簡単な物理法則から約-19℃と計算されている．しかし，実際には地球の平均気温は約15℃で，これは地球の大気の温室効果のせいであると考えられている．では，なぜ二酸化炭素が温室効果ガスとなるのか．

　太陽エネルギーは，光（紫外線，可視光線，赤外線）として地球表面に到達し，そのうち半分程度は反射されるが，残りの半分は海陸両面に到達して吸収される．吸収された光は，地球上で乱反射を繰り返すためエネルギーが弱められて（長波長の光である赤外線になり），夜間に宇宙空間に放射される．それでも全体として100入って100出て行けば釣り合うので，温室効果はないはずである．

　図4-2に夜間における赤外線領域の放射および大気による吸収強度を示す．図の破線は，大気による吸収がない場合の200Kと300Kの放射強度を示している．すべて

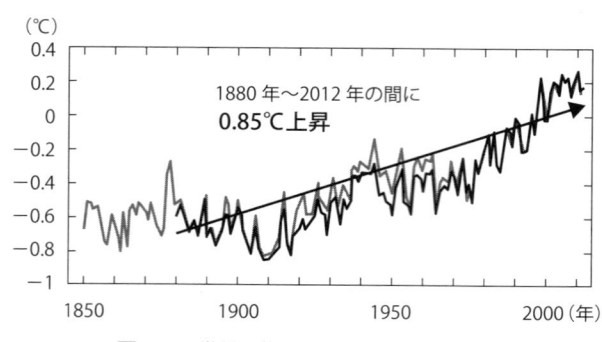

図4-1　世界平均地上気温の偏差
［出典：IPCC第5次評価報告書］

の物質には温度があり，その温度に見合った電磁波を放出しているが，200 〜 300K の温度の物質からは赤外線が放出されている．実線で示すように，波長により赤外線の吸収強度が相当に違うことがわかる．とくに長波長領域（15 μm 程度）

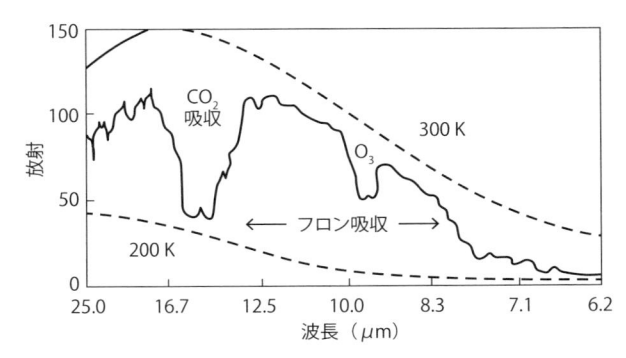

図 4-2 地表からの夜間の熱放射赤外線の気体による吸収

の赤外線は，二酸化炭素によって吸収されるのでその分エネルギーが大気圏内にとどまることになり，温室効果を持つことになる．

　地球温暖化に起因すると見られる海面水位の上昇や気象の変化が観測され，生態系や人類の活動への悪影響が懸念されている．地球温暖化の影響要因としては，人為的な温室効果ガスの放出，中でも二酸化炭素やメタンの影響が大きいとされている．地球温暖化は，気温や水温の変化，海面上昇，降水量の変化，洪水や干ばつ，酷暑やハリケーンなどの激しい異常気象の増加，生物種の大規模な絶滅を引き起こす可能性も指摘されている．

　そして 21 世紀末までに気温上昇を 2℃ 未満にしないと，地球規模の異常気象や人間活動への影響が取り返しがつかないレベルに達するとの共通認識が生まれつつある．2015 年 12 月に開かれた国連気候変動枠組み条約の第 21 回締結国会議（COP21）でパリ協定が採択された．その内容は，気温上昇を 2℃ より低く抑え，1.5℃ 未満に向けて努力する，今世紀後半に温室効果ガスの排出と吸収を均衡させるというものである．今後，各国の利害を越えてどこまで協調が進み，これらの目標を実現できるかどうかが問われることになる．

　⓶⓪⓮　人間の活動によって生成される二酸化炭素などの温室効果ガスが地球温暖化の主因であるという説が主流となっている．近年の急激な温度上昇と二酸化炭素濃度の急上昇とが対応している．二酸化炭素は一部の赤外線を吸収するので地球から宇宙空間への赤外線の放射を減らす温室効果を持つ．温暖化は海面上昇，洪水や干ばつ，酷暑やハリケーンなどの異常気象や生物種の大規模な絶滅を引き起こす可能性が指摘されている．

2 話 　地球温暖化説に懐疑的な人はどんな考えか？

　気候変動に関する政府間パネル（IPCC）の報告に懐疑的な人たちは世界で一定程度いて，各国で議論が続いている．懐疑的な意見の中には，北半球の温度変化のデータが実際の過去の記録を反映していないという反論がある．11世紀ごろにはヨーロッパの気候は温暖で，冬でも北極海で船が航行できたし，17，18世紀の寒気に見舞われた記録を反映していないという批判がなされている．また，最近の温度上昇に関しては，一部のデータを選んで作られた疑いがあるとされた．最近の地球温暖化に関しては，温室効果ガスなどの人為的影響ではなく，太陽活動や宇宙線の影響などの自然要因の影響がはるかに大きいと主張している．

　可視光より変動の大きい紫外線や太陽磁場が気候変動に少なからず影響しているとの指摘がなされ，宇宙線に誘起され形成される雲の量が変化して間接的に気温の変動をもたらしていると主張している．そこでは，雲粒の形成には SO_2，H_2SO_4 などの硫黄化合物が必要で，硫黄化合物が宇宙線によってイオン化されることにより水分子が集まりやすくなって雲粒が形成されるという機構が考えられている．

　雲が地球の気温に影響する効果として，IPCCでは，雲は赤外線を吸収するため大きな温室効果があるが，一方，入射する太陽光を遮るため冷却効果もあるとしている．また，気温が上がって海からの蒸発が盛んになると，水蒸気による温室効果が増大するし，水蒸気が雲になると逆に冷却効果をもたらす．雲はこのように温暖化と冷却化の両方の効果があり，IPCCが採用する気候モデルによって結果が大きく左右されるし，予測誤差が大きくなると批判している．

　温室効果ガスの増加により気温上昇が生じているのではなく，気温上昇の結果，二酸化炭素が増えているとの主張がある．短期的な変動では，温度変化よりも二酸化炭素の濃度変化のほうが半年から1年遅れるし，20世紀全体の変動も，急激な温度変化が二酸化炭素の変化に先行して起こったとしている．気温上昇により海水温が上昇した結果，二酸化炭素の海洋への吸収が減り，大気中の二酸化炭素濃度が高くなっているとしている．数万年規模の変動も，氷床コアより過去3回の氷期を調べた研究では，気温上昇が二酸化炭素の上昇よりも600（±400）年先に生じているとしている．**図4-3** に地球温暖化に懐疑的な考え方を示す．

　これらの二酸化炭素による地球温暖化説に懐疑的な意見に対し，大掛かりな反論もなされている．懐疑的な意見とそれに対する反論は，国によって違うようである．

アメリカは，2008 年の調査では平均 7 割の人が地球温暖化は実際起こっていると回答していたが，支持政党によって大きな違いが見られるようである．オバマ政権では，環境・エネルギー分野への投資を戦略の柱の一つに据え，環境保護に積極的な人材の登用を決めていた．一方，共和党の支持者は二酸化炭素による地球温暖化説に懐疑的な人が多いようである．トランプ大統領はそのような考え方を支持して，パリ協定からの離脱を表明している．

　ヨーロッパでは，懐疑論は 1990 年以前からあり，2010 年以降も「地球温暖化詐欺」のような映画も作成されたりしている．このような懐疑論に対し，2008 年 5 月，欧州議会は，「科学に不確実性はつきものであるが，気候変動の原因や影響に関する科学的な研究結果を，科学に基づかずに不確実もしくは疑わしいものに見せかけようとする試みを非難する」と表明している．世論は対策を支持しており，2008 年 12 月には，2020 年までに温室効果ガスを 1990 年比で 20 ％削減することを可決するなど，対策を進めている．

　日本では，2007 年ごろから懐疑論が目立ちはじめ，関連書籍はセンセーショナルな内容で売行きを伸ばした．そうした懐疑論に対して反論もなされており，全体として反論のほうが支持を多く集めているようである．

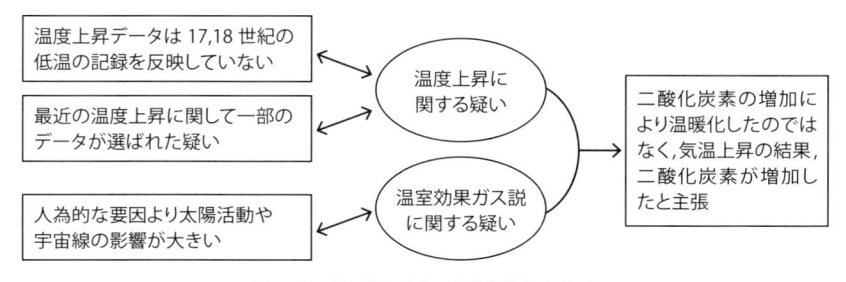

図 4-3　地球温暖化に懐疑的な考え方

（**ま**）（**と**）（**め**）　IPCC の報告は過去の実際の気温変動の記録を反映していない，最近の温度上昇に関しては人為的影響ではなく，太陽活動や宇宙線などの影響が大きいと主張している．また，温室効果ガスが増えた結果，温度が上昇しているのではなく，温度が上昇した結果，海水への二酸化炭素の吸収が減り二酸化炭素が増加したと主張している．これらの主張に対して大掛かりな反論もなされており，世界的にみて懐疑論は支持されているとは言えない．

3話 オゾン層の破壊はなぜ問題か?

　オゾンはO_3の化学式で表せる折れ線状分子で, 不安定な化合物である. オゾンは, 通常の条件では自然界に存在できない. 成層圏中では, 酸素分子が太陽から紫外線を吸収し, 光解離して酸素原子Oとなる. このOとO_2が結び付いてオゾンとなる.

　図 4-4 に大気圏外および地表の太陽光線の波長分布を示す. オゾンを生成するためには波長の短い紫外線が必要であるが, 大気圏外で多くなる. 地球の引力によって気体をつなぎ止めているので, 地球からの距離が離れるほど気体は希薄になる. オゾン層には, 紫外線が強く酸素濃度も比較的多い最適な高度が存在する. オゾン層は, 成層圏の地上 10 ～ 50 km にあり, 濃度が高いのは高度 20 ～ 30 km である. オゾンの体積濃度は, 地上では 0.03 ppm 程度で, 上空 30 km では 10 ppm 近くになる.

　オゾン層は, 太陽からの有害な紫外線の多くを吸収し, 地上の生態系を保護する役割をしている. 紫外線の中で最も波長が短く有害な UV-C は, 大気中のオゾンや酸素分子によって完全に吸収され, 地表に届かない. UV-B はほとんどがオゾン層によって吸収されるが, 一部は地表に到達し, 生物の DNA を破壊し, 皮膚ガン, 白内障, 免疫機能の低下を起こす. 波長の長い UV-A は, 大半が地表に到達するが, 有害性は UV-B よりも小さい. それでも, しわやたるみの原因になる.

　オゾン層はフロンなどにより破壊される. フロンは, CCl_3F などの塩素, フッ素, 炭素を含む化合物で, 冷蔵庫やクーラーの冷媒として使われてきた. しかし, フロンはオゾン層を破壊することがわかり, 使用が禁止されている.

　オゾン層を破壊する作用は, 以下のように説明されている. まず, フロンが紫外線を吸収して分解し, 原子状の塩素 Cl を生成し, Cl がオゾンと反応して ClO を生成 (式 (4-1)), ClO は O と反応して式 (4-2)

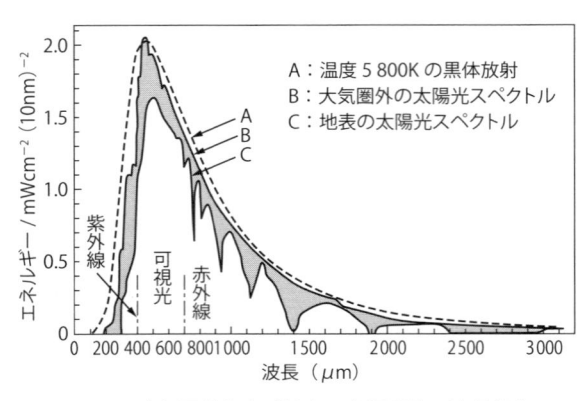

図 4-4 大気圏外および地表の太陽光線の波長分布

のように Cl と酸素を生成する.

$$Cl + O_3 \rightarrow ClO + O_2 \tag{4-1}$$
$$ClO + O \rightarrow Cl + O_2 \tag{4-2}$$

式（4-1）と式（4-2）を合計すれば,

$$O_3 + O \rightarrow 2O_2 \tag{4-3}$$

となる. 式（4-3）はオゾンが消滅することを意味する. 式（4-1）と（4-2）において Cl は反応進行させる触媒の役割をしている. 大気中で Cl と同様の役割をするのが, 水酸化合物（HO_x）, 窒素酸化物（NO_x）, 一酸化塩素（ClO）, 臭素原子（Br）などが知られている.

　このような人為的な要因によるオゾン層の減少は 1980 年代から南極での観測によって確認され, オゾンホールと呼ばれた. オゾンホールは南極の春にあたる 9 月ごろに –80 ℃程度の低温下で極成層圏雲の中に生成した氷晶表面に塩素ガス（Cl_2）が発生し, 光解離した塩素（Cl）によってオゾン層が破壊される. 南極ほど顕著ではないが, 全世界でもオゾン層の減少が観測されている. **図 4-5** は世界のオゾン全量の経年変化を示す. 1980 年代にオゾン層の減少が顕著になっている.

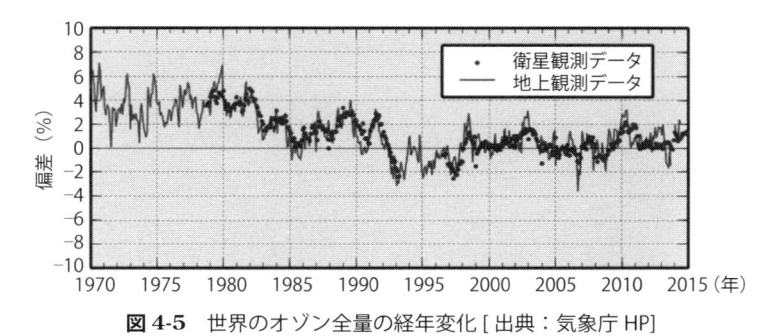

図 4-5　世界のオゾン全量の経年変化 [出典：気象庁 HP]

　㋔㋟㋫　成層圏で太陽からの紫外線が酸素に当ってオゾン層が形成される. オゾン層による有害な紫外線の吸収が不十分だと, 生物の DNA を破壊し, 皮膚ガン, 白内障などの原因となる. フロンはエアコンなどの冷媒として使用されたが, オゾン層を破壊するとして禁止された. フロンは紫外線を吸収して原子状の塩素 Cl を生成し, Cl がオゾンと反応してオゾン層を減少させる. オゾン層の減少は 1980 年代に顕著で, 現在は小康状態である.

4話　酸性雨はなぜ降るか？

　酸性雨とは，硫黄酸化物（SO_x）や窒素酸化物（NO_x）などを起源とする酸性物質が雨，雪，霧などに溶け込んで通常より強い酸性を示す現象である．

　酸性雨の原因は，石炭などの化石燃料の燃焼や火山活動などにより発生する，これらが大気中の水やオゾンと反応することによって硫酸や硝酸などの強酸が生じ，雲に取り込まれ，雨や雪を強い酸性にする．

　雨水の酸性度（pH）は水素イオン濃度 $[H^+]$ を用いて，$pH = -\log[H^+]$ と表される．pH7 は中性，pH7 以下が酸性，pH7 以上はアルカリ性を意味する．**図 4-6** に身近な液体の pH の値を示した．自然の雨水の pH は 5.6 で酸性で，大気中に二酸化炭素が約 380 ppm 含まれているためである．したがって，酸性雨とは pH が 5.6 以下で，pH は 5.0 以下と定義する国も多い．酸性雨の pH が 4 以下になると，被害が顕著になる．

　酸性雨の発生源と地上への沈着までの過程を**図 4-7** に示す．工場や自動車からの排気ガスから SO_x や NO_x が発生する．火山ガスや海洋プランクトン由来の SO_x もある．また，NO_x の中には雷が鳴ったときに，空気中の窒素が酸化されたものもある．これらの SO_x や NO_x は大気中を飛行する中で酸素やオゾンによって酸化され，硫酸（H_2SO_4）や硝酸（HNO_3）になる．これらの硫酸や硝酸はエアロゾルの形で存在することが多く，一部大気中のアンモニアと反応して硫酸塩や硝酸塩の形となり，PM2.5 と呼ばれる微粒子の形で存在する．これらの微粒子は大気中の飛行距離が長く，数週間かけて数千 km を飛行することもある．強酸性の微粒子はそのうち地上に落下する．これを乾性沈着という．沈着とは地表に存在する生物や物体の表面に付着することである．硫酸や硝酸などのエアロゾルは，大気中で雲粒の核となることが多く，水滴中で H^+，SO_4^{2-}，NO_3^- などのイオンの形で存在する．これらのイオンを含んだ雲粒が合体して大きくなると雨となって地上に降ってくる．これを湿性沈着という．

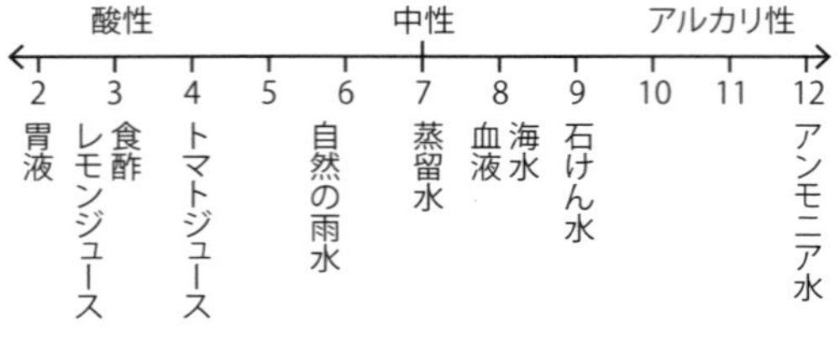

　こうして地表の生態系に落下した酸は，地表の酸 - 塩基のバランスを崩し，酸性の側に偏ら

図 4-6　身近な物質の pH の値

せ，環境は酸性化する．この酸性化の影響は，土壌，森林，湖沼，構造物に及ぶ．土壌 - 植生の系では，土壌が酸性化して植物の生存に必要な Ca^{2+} や Mg^{2+} が溶解し，さらに土壌粒子からアルミニウムや重金属などの有害な化学種が溶出し，根から吸収されて植物に悪影響を与える．森林への影響としては，ヨーロッパ・北米を中心に森林の枯死が社会問題となった．旧西ドイツの森林の半分以上が酸性雨による被害を受けたと言われている．

　世の中には「酸性でない酸性雨」もある．中国北部の瀋陽ではよく pH が 7 近くの雨が降る．空気がきれいなら pH が 5.6 近くになるはずで，これはむしろ異常である．瀋陽の雨の硫酸イオン濃度は，代表的な酸性雨地域である南部の重慶や貴陽の濃度とほとんど変わらず東京や大阪の数倍もの値を示した．瀋陽の雨にはアルカリ性の土壌粒子が含まれており，それが雨を中和したので pH が高くなっていた．このことは酸性雨の判定には，雨水の pH だけでなく，雨水に含まれている汚染物質にも注意を払う必要があることを示す．

　日本に降ってくる硫黄酸化物の発生源は，年平均で 49 ％ が中国起源，12 ％ が朝鮮半島，それ以外は国内で発生したものと推定されている．

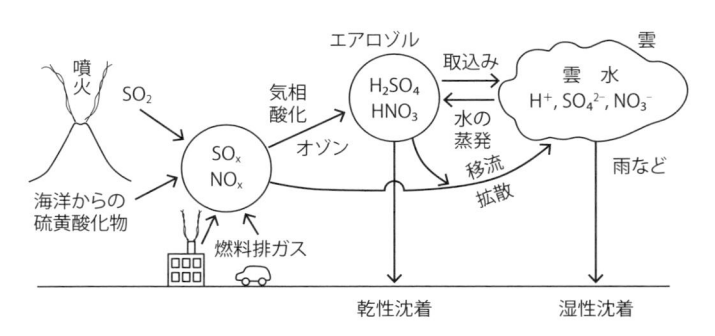

図 4-7　酸性雨の発生源と地上への沈着までの過程

　(ま)(と)(め)　　酸性雨とは，SO_x や NO_x などを起源とする酸性物質が雨，雪などに溶け込んで通常より強い酸性を示す現象である．SO_x や NO_x が大気中の水やオゾンと反応することによって硫酸や硝酸などの強酸性エアロゾルが生じ，雲に取り込まれ，雨や雪を強い酸性にする．強酸性エアロゾルは数千 km も飛行し，広い領域の環境を酸性化する．酸性化は，土壌，森林，湖沼などの生態系に被害を与える．

5話 砂漠化とは何か？

　砂漠化とは，草木の育っている健康な土地が，自然的な要因や人為的な要因によって植物が育たなくなる土地になることをいう．砂漠化は世界各地域で広がっていて砂漠になりそうな地域を数えると，地球上の約4分の1に相当する．これがすべて砂漠化してしまうと，砂漠の占める割合が現在の約3倍にもなる．

　以前はサハラ砂漠は密林だった．そして，紀元前4500年ごろには，現在のサバンナの状態になった．ゾウ，カバ，カモシカ，キリンなどの野生動物の狩猟の様子がサハラ地方の岩絵に残っている．紀元前2000年ごろから気温の上昇と降雨の減少が起こって乾燥が進行し，紀元前後にサハラ砂漠ができあがったと考えられている．

　近代に進んだ砂漠化の現象は，サハラ砂漠のように自然的な要因によってではなく，80％以上が人為的な要因で進み，これに自然的な要因が重なったものである．**図4-8**に砂漠化の要因を示す．

　人類が狩猟，採集生活をしていた旧石器時代までは，土壌や森林は気候の変化などによって荒廃することもあったが，自然の回復力によって元に戻ることも多かった．人類が農耕を始めてからは，食料自給ができた反面，自然システムへの介入により自然の荒廃を招く要因にもなった．メソポタミア文明では，チグリス・ユーフラテス地帯に灌漑のための地下水路を作って農業生産が拡大したが，紀元前2000年ごろの乾燥化のために危機を迎えた．施肥や輪作の技術もなく，長年の灌漑による塩害と戦乱による灌漑排水設備の破壊によって砂漠化が進み，その文明が滅びた．

　世界の人口は，1961年に30億人だったものが，2011年に70億人となり，2025年には81億人，2100年には109億人になると推定されている．その増加がアフリカやアジアの地域で特に著しい．半乾燥地域の人々は生きてゆくために，森林伐採や焼き畑農業による開墾，灌漑，放牧などを行っている．

　食料増産のために家畜の頭数を増やせば牧草の消費量が増える．それには新し

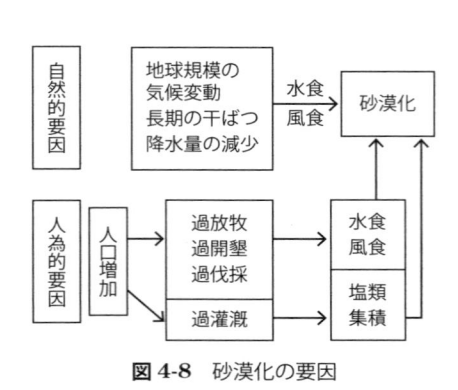

図4-8 砂漠化の要因

い草地を増やすしかない．これまでの牧草地が耕地化されると，家畜はより乾燥した牧草の少ない地へと追いやられる．これまで利用されてこなかった山地斜面を牧草地にすると，ヤギやヒツジなどの小型の家畜しか飼育できない．ヤギやヒツジは牧草地が豊かなときはよいが，干ばつなどで草地が乏しくなると，根まで食べてしまうので土壌を荒廃させる要因になる．このような行為は過放牧と呼ばれる．

　半乾燥地域の人口が増えた結果，人々は農地を拡大し家畜頭数を増やそうとした．そのため，森林伐採や焼き畑農業による開墾などが行われ，土地の劣化が進んだ．薪炭材を得るための伐採も行われた．また，牧草地としての利用よりも耕地として利用するほうが生産力を増やせるため，草地の耕地化が進んだ．しかし，耕作限界付近の農地の拡大は土地の生産力を超えた無理な利用につながりやすく，干ばつ時に土地の生産力が完全に失われる危険が増える．半乾燥地域の農業では，雨が降らない年が続くとせっかくの農地が放棄される．放棄された土地が放置されると，風食*や水食*を受けやすく，急速に荒廃していく．

　半乾燥地域の人口が増えた結果，生産力を上げるために灌漑農業が盛んに行われた．ところが，半乾燥地の水は土壌や岩の間を通るときに多量の塩類を溶解するために塩類濃度が高い．排水設備などが不十分だと，灌漑によって地下水位が上がり水の蒸発によって灌漑水が地表に塩分を集積してしまう．古代メソポタミア文明の滅亡もそれが一つの原因であった．にもかかわらず，現在でもアラビア，中東，アフリカ，アジアなどで同じような失敗を繰り返している．

　　*　風食と水食：風や雨によって地表が削られ，侵食されること

> （ま）（と）（め）　砂漠化とは，草木の育っている土地が自然的や人為的な要因によって植物が育たなくなる土地になることである．砂漠化しそうな土地は地球上の約4分の1になる．人口増加によって人々は生きるために過放牧，過開墾，過伐採，過灌漑をせざるを得なくなる．これが砂漠化の人為的な要因である．半乾燥地域における過放牧や過開墾は土壌の自然の回復能力を奪い，過灌漑は塩類の集積をもたらして砂漠化の要因となる．

6話　生物種の絶滅がどこまで進んでいるか？

　絶滅危惧種とは絶滅の危機にある生物種である．生物のある種が絶滅すること自体は，地球の生命の歴史においては無数に起きてきた．生物種の 50 ％以上が死滅するという大絶滅は地球史において少なくとも 5 回発生しているが，これは地球環境が劇的な変化をしたためと考えられている．

　ところが，1 万年前には絶滅の速度が 1 年につき 0.01 種だったものが，現在では 1 日に約 100 種となっている．1 年間に約 4 万種がこの地球上から姿を消していて，このままでは 25 〜 30 年後には地球上の全生物の 4 分の 1 が失われる計算になる．大量絶滅の要因には，乱獲，開発に伴う生息地の減少，外来種の持ち込みの三つがある．人間活動による生物種減少の要因を**図 4-9** に示す．

　羽根が美しい，肉がおいしい，形が珍しいからという理由で動物が乱獲されている．狩猟は人類が生きてゆくために必要である．しかし，商業的な意図での捕獲は動物種を大きく減少させる．食用肉，角や皮，肝臓などを薬用に用いる場合である．例えば，ボルネオ島では，オランウータン，テナガザルなどの霊長類，ジャコーネコ類やマレーグマなどの雑食性の肉食類，アジアゾウ，スマトラサイ，ヒゲイノシシ，サンバーなどの大型有蹄類などが乱獲により絶滅危惧種となっている．

　大規模な地球環境の荒廃が生態系を破壊し生物の生存を脅かしている．野生生物種の減少が激しいのが，アフリカ，中南米，東南アジアの熱帯林地域である．焼畑移動耕作による森林の減少，過剰な薪炭材の採取，過放牧，用材の伐採などが直接の原因となって野生生物種の環境が破壊されている．この背景には，人口の急増，貧困，内戦による社会の不安定化などの要因がある．

　この熱帯雨林での生物種の大量絶滅は過去の大量絶滅とは質的にかなり違ったものである．過去の大量絶滅は地球環境の劇的な変化によるが，現在の大量絶滅は人為的な行為による．また，今回のように絶滅が種のすべての部門に及んでいることはかつてなかった．例えば恐竜が絶滅した 6500 万年前の大量絶滅では，大部分の哺乳類，鳥類，両生類，多くの爬虫類が生き残った．

　開発に伴う生息地の減少の例として，プランテーションがある．これは森林を伐採して植物油やパルプなどの原料を生産する．アブラヤシプランテーションは食料品や植物性洗剤の原料となるパーム油を生産する．パルププランテーションのために広大な森林が伐採されている．パルプは紙類やセロハン，レーヨンの原料となる．

日本で使われるパルプチップのうち 67 ％が輸入チップである.

　日本では，裏山の雑木林，海辺の砂浜，小川などは，コンクリートやアスファルトで固められている．護岸工事された川や海からは多くの生物が消えた．アスファルトの下では，モグラ，ミミズ，セミの幼虫などは生きられない．　山や森を切り開いて道路を造ったり，ホテルやゴルフ場を建設したり，便利で快適な生活のために，生態系はどんどん破壊され，生物が静かに消えている.

　このような絶滅を防ぐためには，生息環境の保全や，保護活動などが必要とされる．保全活動の前提として，どの種が絶滅の危機にあるのか，どの程度の危機なのか，危機の原因はなにかなどを知る必要があり，生物種の絶滅危険程度のアセスメントが行われている．地球規模のアセスメントは国際自然保護連合(IUCN)により，レッドリスト作成が行われている．IUCN レッドリストでは，「絶滅危惧 IA 類」「絶滅危惧 IB 類」，「絶滅危惧 II 類」カテゴリーのいずれかに分類されている.

　IUCN によって絶滅危惧種とされている哺乳類は，5 429 種のうちの 26 ％を占めているという．中でも熱帯雨林に生息する哺乳類のうち 42 ％が絶滅危惧種である.

　また，日本では環境省がアセスメントを実施し，定期的にレッドリストを公表している．また，1990 年代から各都道府県でも学識経験者・地元有識者の意見や生息調査に基づいて，レッドリストが作成されている.

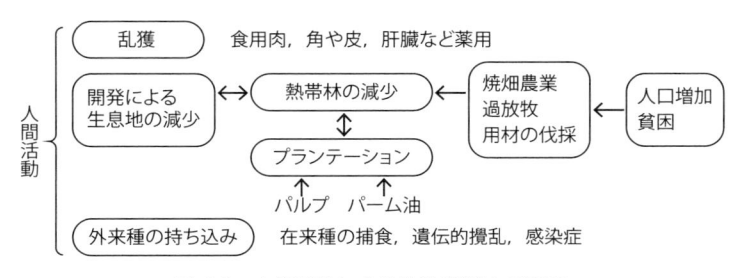

図 4-9　人間活動による生物種減少の要因

（ま）（と）（め）　　現在問題になっている絶滅は，人間活動による．絶滅の要因には，乱獲，開発に伴う生息地の減少，外来種の持ち込みの三つがある．乱獲は，食用肉，角や皮などを得る目的で行われている．野生生物種の減少は，アフリカ，中南米，東南アジアの熱帯林地域で激しい．焼畑耕作，薪炭材の採取，過放牧で生物種の環境が破壊されている．半乾燥地域の砂漠化も生態系の破壊の要因である.

7話　熱帯雨林の減少がどこまで進んでいるか？

　熱帯雨林は，年間を通じて温暖で雨量の多い地域に形成される植生，またはその地域である．熱帯雨林は，温暖で年間 2 000 mm 以上の降水量がある地域に形成される．地域としては東南アジア，中部アフリカ，中南米などである．特徴としては生息する生物の多さ，種の多様さが挙げられ，複雑な生態系を形成している．熱帯雨林の面積は地表の 7 ％に過ぎないが，全世界の生物種の半数以上が生息している．熱帯雨林の植物の 7 割が樹木で，垂直に多層構造をしている．最上層には飛び抜けて高い樹木がまばらにある．その下に樹木の枝葉で覆われた層，樹冠がある．樹冠が集まる上層部を林冠と呼ぶ．その下に，つる植物や着生植物＊が多いのも熱帯雨林の特徴である．樹木が高さ 70 m 程の層の中に幾重にも枝や葉を広げているので，地面には 1 ％程度の太陽光しか届かない．それで，地面にはあまり葉が茂っていない．これは，人間も含めた大型動物にとっては移動に適した場所となる．これが，伐採や山火事などによって日射があるようになると，ジャングルと呼ばれる低木・つる植物の豊富な，歩きにくい植生となる．

　熱帯雨林では，落葉や腐植の層はほとんどなく，土壌が痩せている．これは，気温が高くて養分の分解速度が速いこと，養分が雨によって流出すること，シロアリが落葉を小さくして自分の巣に持ち込むことなどによる．地質は，痩せた酸性の土壌となる．そのため熱帯雨林の土壌は薄く，一度広い面積で植生を失うと，雨で急速に土壌流失を起こし，砂漠化しやすい．

　熱帯雨林は多様な生物の宝庫である．被子植物は昆虫や鳥に蜜を与えて受粉してもらって子孫を存続させている．植物は蜜と匂いと花の色によって動物をおびき寄せるので遠く離れた自分と同じ種の植物に効率よく受粉してもらえる．また，アリは熱帯で特に繁栄している捕食者である．アマゾンの樹上にすむ昆虫の半数がアリである．かなり多くの植物が花外蜜腺から糖を分泌することでアリを誘引している．植物の幹などが空洞になり，アリに巣を提供して用心棒として住まわせるタイプの植物が 600 種程いる．例えばアリは葉を食べようとする昆虫や巻き付こうとするツル植物からオオバギを守る．アリは触れようとする動物に攻撃を仕掛ける．アリはカイガラムシを巣内で牧畜している．カイガラムシはオオバギの篩管液を吸う．篩管液は糖分が多いがほかの栄養素が少ないため，カイガラムシは余分の糖分を排泄する．アリはこれを食料としている．カイガラムシが増えすぎるとアリは間引き，

幼虫の餌にしている．このように，熱帯雨林は多様な動植物が共存共栄している場である．多様な動植物がいるということは，多様な遺伝子を持った生物が存在することである．一つの遺伝子を持った植物のみが生息すると環境への対応力が弱くなり，病害虫に弱かったりして枯死しやすい．このような熱帯雨林の一部が伐採などによって失われると，その回復は著しく遅い．昆虫や鳥などが生存を脅かされ，生き残った植物も生存できなくなる．

　20 世紀に入って以降，熱帯雨林は伐採や農地開発による破壊が進み，急速に減少・劣化してきている．かつて地表の 14 % を覆っていたとされる熱帯雨林が現在は 6 % まで減少し，このペースで減少が続けば 40 年で地球上から消滅するものと予測されている．それに伴って絶滅する生物種の数は，年間 5 万種にも上るとみられる．森林破壊の原因は地域によって異なるが，破壊の最大のものは木材や紙生産のために行われる商業伐採で，鉱業開発，農地や牧草地への転換などがそれに続く．**図 4-10** に熱帯雨林の特徴と減少要因を示す．

　大気中に含まれる酸素の 40 % は熱帯雨林によって供給されたものである．この数字はそのまま熱帯雨林によって吸収された二酸化炭素の量に相当する．熱帯雨林が減少すると，吸収される二酸化炭素の量が減り，地球温暖化をさらに促進させる．

熱帯雨林の特徴

> ① 温暖，年間雨量 2 000 mm 以上
> ② 面積は地表の 7%，東南アジア，中部アフリカ，中南米
> ③ 生物種の半数以上が生息

熱帯雨林の減少

> ① 伐採：木材，紙生産，プランテーション　　←　人口増加
> ② 焼畑農業，鉱業開発，牧畜　　　　　　　　　　貧困

図 4-10　熱帯雨林の特徴とその減少要因

＊　着生植物：土壌に根を下ろさず，ほかの木の上または岩盤などに根を張って生活する植物

ま と め　　熱帯雨林は，温暖で年間 2 000 mm 以上の降水量がある地域で，東南アジア，中部アフリカ，中南米にある．生物種の半数以上が熱帯雨林に生息するが，人為的な要因で絶滅の危機にある．森林破壊の原因は木材や紙生産のための商業伐採が一番で，鉱業開発，農地や牧草地への転換がそれに続く．

コラム

有害廃棄物の越境移動とは？

有害廃棄物の越境移動が地球環境問題の一つとされ，国際問題となっている．

有害廃棄物の越境移動は，廃棄物の有害性が極めて高かったり，受け入れ国において適正な処分がなされなかったりしたために環境汚染につながる事例が多く，地球的規模の環境問題となっている．

有害廃棄物の越境移動が起こる原因としては，以下の点が指摘されている．有害廃棄物の発生国での処理費用の値上がり，特定の廃棄物の処分容量が少ないこと，将来環境汚染が生じた場合に多額の被害補償が必要な可能性があること，廃棄物の発生場所での処理に関する規制の強化，経済成長により廃棄物の発生量の増大，受け入れ国において複数の国が利用できる処理施設があることなどである．有害廃棄物の越境移動は，その発生のメカニズムから，廃棄物の有害性が極めて高い場合や，移動先において適切な処理・処分がなされない場合が多いことなど，深刻な環境汚染につながる事例が多く，地球的規模の環境問題となっている．

このような有害廃棄物の越境移動に対して，UNEP（国連環境計画）などで検討され，バーゼル条約が採択された．バーゼル条約は 1992 年に発効し，有害廃棄物の越境移動およびその処分を適正に管理することで環境汚染防止を目指している．

その主要な点は，有害な廃棄物は発生国において処分することを原則とする．やむを得ず越境移動を行う場合は条件を定め，これにそぐわない越境移動を禁止している．

バーゼル法に基づいて日本からの輸出が承認された有害廃棄物などの量は，毎年数百トンから数千トンとばらつきがある．相手国はベルギー，ドイツ，韓国および米国で，品目は，はんだくず，ニカド電池などのくずなどで，いずれも銅，鉛，スズなどの回収・再生利用を目的としたものである．一方，バーゼル法に基づき日本への輸入が承認された量は毎年数千トンから 1 万トン程度で，相手国はオーストリア，オランダ，米国，韓国，シンガポール，フィリピンなどである．品目としては，貴金属の粉，写真フィルムのくず，使用済み触媒，廃水処理汚泥および蛍光体などで，いずれも銅，銀，ヒ素などの金属の回収および使用済み蛍光体などの再生を目的としたものであった．

第 5 章

水と環境

地球全体の水の98.37％が海水で，氷河が1.59％，陸水が0.036％である．近年，海水，河川，湖沼などの水質は悪化している．原因は，生活排水，農薬,肥料,工業排水である.この章では，海水，河川，湖沼における降水量と蒸発量のバランスと平均滞留時間，水道水の浄化方法，海水，河川，湖沼における水質悪化の要因などについて紹介する．

1話　地球上の水の収支はどうなっているか？

　地球上にある水の割合は 98.37 ％が海水で，残りの大部分が氷河で 1.59 ％，淡水（地下水，湖沼，河川の水）は 0.036 ％で，雲，霧，水蒸気などの大気中の水は全体の 0.001 ％に過ぎない．

　海水は塩分を約 3.4 ％含んでいるので陸上に棲む動植物は海水を直接利用することはできない．地球上に 98.37 ％ある海水が太陽熱で蒸発して雲となり，やがて雨や雪として降ってきて淡水となる．地球の表面の水は海や陸地の湖沼や川，植物から蒸発して大気中の水となり，それが再び雨として降ってくる．地球表面に降る年間降雨量は 972 mm である．1 日当たりに直すと 2.7 mm で，約 10 日分の雨量しか大気中に貯えられていない．水は約 10 日間の周期で巡っている．

　地球上に降る年間降水量と蒸発量と平均滞留時間を**表 5-1** に示す．地球上の海水からの水の年間蒸発量は海水総量の 3 000 分の 1 に当たる 449 兆 t である．したがって，海水がすべて入れ替わるのに 3 000 年かかる計算になる．植物からは年間 60 兆 t 蒸発している．主として葉から蒸散の形で水蒸気を空気中に放出している．これは，植物が太陽光を受けても植物体の温度が高くなり過ぎないように身を守るためである．また，蒸散によって細胞内の水蒸気圧が低くなるため負圧が発生し，根から水を吸い上げる作用を生み出す力となっている．植物中の水の滞留時間は平均で 16 日である．土壌からは年間 1.8 兆 t，河川・湖沼からは年間 0.6 兆 t 蒸発している．合計で年間 511.4 兆 t が太陽熱によって蒸発している．土壌の水の滞留時間は平均で 52 日，河川の水の滞留時間は地形の勾配によって決まるが 1 ～数日，湖の水の滞留時間は平均で 400 年，地下水は 1 000 年，氷山は 1 万年である．水の平均滞留時間は河川が最も短く，次いで大気中の水，植物，土壌，湖沼，海，氷山の順になっている．

　年間の降雨のほうは海で 403 兆 t，陸で 106 兆 t となっている．海で蒸発量のほうが降水量より多く，陸で降水量のほうが蒸発量より多くなっている．これは陸には山などがあって雲ができやすく，雨などが降りやすいためである．陸での降水による余った水は河川から海に流入することによってバランスがとれている．

　世界全体の単位面積当たりの年間降雨量は平均で 390 mm であるが，日本の単位面積当たりの年間降雨量は平均で 1 818 mm で，世界でも非常に多いほうである．ところが，人口 1 人当たりの雨量は世界で 32 000 mm なのに対し，日本では

6 500 mm と少なくなる．日本には年間約 6 000 億 t の雨が降るが，列島中央に山脈が走り海までの距離が短く高度差が大きいため，雨水の多くは海に流失してしまう．世界で最も急流だと言われる富山県の常願寺川は明治期の御雇外国人に「これは川ではなくて滝だ」と言わせたほどである．年間降雨約 6 000 億 t のうち 2 000 〜 3 000 億 t が海に直接流れ込み，地下にしみ込む水は 2 000 〜 2 500 億 t である．そのうち 1 500 億 t は樹木や草地が吸収し，植物を介して蒸発し，それ以外は河川や湖沼に流入し，約 40 ％が蒸発する．この過程で日本人は，水力発電に約 1 000 億 t，農業用水に 600 億 t，工業用水に 150 〜 200 億 t，上水道に 150 億 t を利用している．

　地球が温暖化して氷河が溶ければ，海面が上がる可能性がある．氷河に含まれる水は湖沼などの陸水よりはるかに多く，南極やグリーンランドの氷が溶けたら海面が上がることは間違いない．地球は数十万年前から氷河期と間氷期とを繰り返してきて，現在は間氷期にある．氷河期の最寒期に海面が約 100 m 現在のレベルより低かったというデータがある．自然現象による氷河の盛衰は仕方がないが，化石燃料の使用によって二酸化炭素が増加することによる地球の温暖化など，人為的な要因で海面が上がることは避けなければならない．

表 5-1　地球上に降る年間降水量，蒸発量と平均滞留時間

降水量（兆 t）		蒸発量（兆 t）		平均滞留時間
海	403	海	449	3 000 年
河川・湖沼	0.4	河川・湖沼	0.6	400 年（湖）
陸地	106	土壌	1.8	52 日
雪として	2	植物	60	16 日
合計	511.4	合計	511.4	

ま と め　地球全体の水の 98.37 ％が海水で，残りの大部分が氷河で 1.59 ％，残りは陸水で 0.036 ％，雲や水蒸気など大気中の水は全体の 0.001 ％に過ぎない．海での降水量は蒸発量より少なく，陸での降水量は蒸発量よりかなり多い．陸での降水による余った水は河川から海に流入することによってバランスがとれている．陸地に降った降水量の半分以上を植物が吸収し，葉などから蒸散させている．

2話　水道水はどのようにつくられているか？

　水道水の作り方として，以前に緩速ろ過の方法が使われていた．貯水池で，水を厚さ 60 〜 90 cm の砂層に 1 日 3 〜 5 m くらいのゆっくりした速度で流す．その間に，砂層表面に生成した好気性生物の作用もあり，懸濁物質の除去，生物分解性物質の除去ができる．しかし，この方法は，高濃度の汚染物質の除去には適当ではない．

　そういう理由で，日本での水の浄化施設では急速ろ過の方法が一般的になってきている．浄水施設での浄水法の例を**図 5-1** に示す．着水井は河川，湖沼などから取水された原水が浄水場に最初に到着するところである．ここで水量を調整し，沈殿池へ送る．沈殿池では，原水に凝集剤（ポリ塩化アルミニウム）を注入する．原水中の浮遊物は大きな粒子のかたまり（フロック）となり，沈む．泥として沈殿したフロックは乾燥した後，グランドや園芸用の土またはセメント用材料として再利用されている．ろ過池では，沈殿池で取り除かれなかった微細な浮遊物を砂と砂利の層を通して取り除く．消毒設備では，ろ過した水に次亜塩素酸ナトリウムを加えて消毒する．次亜塩素酸ナトリウムによる消毒のことを通常塩素消毒と呼んでいる．原水がきれいならば 1 回の殺菌で飲める水となる．ところが，都市部を中心に原水が汚れてきているために，O-157 のような菌の殺菌のため塩素を 2 段で注入せざるを得なくなってきている．その場合，前塩素処理では，アンモニア，マンガン，有機化合物の除去を，後塩素処理では，水の中の細菌の消毒と外部から侵入する細菌の殺菌を目的に行われる．消毒された水は配水池に貯められ必要に応じて，給水ポンプで加圧して需要先に送られる．

　原水が汚れている原因は，原水として利用している河川水が汚染されているためである．河川水には，家庭排水，工場排水はもちろん下水処理場やし尿処理場からの処理水も流入する．ライン河では上流から下流まで水が 7 回も人体を通ると言われている．塩素は殺菌力が強く，持続力もあるので殺菌剤としては優れているが，塩素は水中に含まれる有機物と反応してトリハロメタンなどの有害物質が発生する問題点がある．原水の汚れは一層進む傾向にあるので，必然的に塩素の使用量が多くなり，トリハロメタンなどの有害成分が増加する．

　近年，塩素使用量を減らすため，オゾン殺菌を組み合わせた浄水法が普及してきているが，費用がかかるため，一般化には至っていない．オゾンは強い酸化力を持

つ気体で，藻臭成分を分解し，無臭化する．東京の金町浄水場，大阪の神崎浄水場，千葉の柏井浄水場などでこの方式が取り入れられている．従来の浄水処理方法では，水道水に有機物や臭いが微量ながら残っていてカルキ臭と呼ばれる臭いが問題点の一つとなっている．そこで，オゾン処理による有機物の分解と，生物活性炭による自然に近い吸着機能で浄化され，微量に残った有機物をほぼ除去させることができる．ただ，オゾンは塩素に比べて殺菌力が長続きしないのが問題点である．日本の法律では，水道水の末端蛇口から出る水の塩素濃度が 0.1 ppm 以上でなければならないという規定がある．オゾン処理をした後でも塩素を入れているが，塩素添加量はオゾン処理をしない場合に比べて 1/4 程度で済む．

　日本の水道法で定められている水質基準は，水道水質の安全を確保するため，生涯にわたって連続的に摂取しても人の健康に影響が生じない量をもとに，安全性を十分考慮して基準値が設定されている．近年，家庭の水道の蛇口に浄水器を取り付ける例が増えている．浄水器は塩素を除去する効果はあるが，トリハロメタンを除去することはできなかったとの報告もある．浄水器は塩素を除去するので，扱い方によっては細菌が発生する可能性があるので注意を要する．

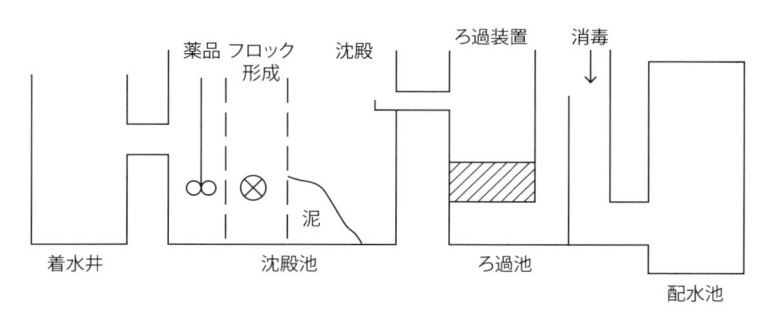

図 5-1　浄水場の仕組み

　(ま)(と)(め)　日本での水の浄化施設では急速ろ過の方法が一般的である．取水口から取り入れた水は，大きなゴミを除いた後，沈殿池で原水中の土砂を凝集剤を注入して沈澱させる．これに殺菌のため塩素を注入する．都市部を中心に原水が汚れてきたため塩素を 2 段で注入している．日本の水質基準は生涯にわたって摂取しても健康に悪影響が生じない値となっている．

3話　水はなぜ汚れるか？

　汚れた衣類を洗濯すると衣類はきれいになるが，衣類に付着していた汚れは水のほうに移るし，洗濯するために使った洗剤も水のほうに移ることになる．このように，人間の活動に多くの水を使うが，そのときの排水にはいろいろな汚れが入ってくる．排水に含まれる汚染物質によって，河川，地下水，池，湖沼，海などが汚染される．河川などは自然の浄化能力があるが，汚染物質の濃度が自然の浄化能力を超えると河川，湖，海の水質汚濁が問題となる．

　水質汚染の原因の半分以上が生活排水である．生活排水はし尿と雑排水とに分けられる．し尿の処理は下水処理，浄化槽などによってなされる．下水処理では，バクテリアや原生動物のような微生物の集まりを下水に混ぜて空気を吹き込むと，微生物は下水に溶けた空気を呼吸しながら水の汚れの成分を食べるので，水はきれいになる．処理された下水は河川などに戻される．雑排水は，油，醤油，米のとぎ汁，洗濯排水，衛生用品や化粧品からの化学化合物などが含まれる．浄化槽では，し尿の処理は行うが雑排水はそのまま河川などに流れるので，汚染の原因となる．

　工業排水では，発生源となる業種が多様である．有機化合物としては，工業用溶媒，ガソリン，軽油，重油，潤滑油，食品加工廃棄物などがある．無機化合物としては，酸性鉱山廃水に含まれる重金属類，産業廃棄物から生じる酸性物質，工業用の化学廃棄物などがある．

　農業や畜産の排水とでは，殺虫剤，除草剤に含まれる化学物質，畜産業からのバクテリア，硝酸エステルやリン酸塩などの肥料からの外部流失がある．

　これらの生活排水，工業排水，農業や畜産の排水が適切に処理されていない場合は，河川，地下水，池，湖沼，海などの水質悪化の原因となる．下水は下水処理場で処理されるが，再利用する場合は高度処理を行なって，栄養富化の原因となる窒素やリン化合物の除去，微生物の除去などが行われる．高度処理を行なっていない場合は湖沼，池などの栄養富化が問題となることがある．下水が普及していない地域ではし尿処理は浄化槽で行うことが多いが，雑排水は未処理のまま河川に流れることが問題となる．

　窒素化合物が，化学工業，皮革工業，コークス工業，パルプ工業などから多量に発生する．リン化合物が，食品工業，化学工業，繊維工業などから多量に発生する．これらの化合物は湖沼や池などの栄養富化の原因となるので，十分な処理がなされ

ないと問題となる．また，工業排水からは，重金属，樹脂のペレット，有機毒素，固形物を含む汚水を放出する．重金属は一般に毒性がある．カドミウム汚染のイタイイタイ病，水銀汚染の水俣病などは顕著な例である．

　水質環境について，環境基準がある．そのうち，健康項目は，公共水域および地下水につき一様に定められている．内容は，カドミウム，鉛，水銀などの重金属類，ジクロロエタン，トリクロロエチレンなどの有機塩素化合物，シマジンなどの農薬，硝酸性窒素など 26 項目である．基準達成率は 99 ％を超えている．生活環境項目は，河川，湖沼，海域ごとに，pH，DO（溶解酸素量），BOD（生化学的酸素要求量），SS（懸濁物質），大腸菌群数などの基準が水域の特性を踏まえて都道府県ごとに設定されている．生活環境項目基準の達成率は，有機汚濁の代表的な指標であるBOD については，全体で 79.4 ％，水域別に見ると，河川 82.4 ％，湖沼 42.3 ％，海域 75.3 ％（東京湾 63 ％，伊勢湾 56 ％）となっている．湖沼や内湾など閉鎖性水域で達成率が低くなっている．

　我が国では 1956 年ごろから全国的に水質汚濁が進行し，1960 年代に最悪になった．例えば，1964 年の BOD の値が多摩川で 10.9 mg/L，淀川で 8.6 mg/L となった．1970 年ごろから水質汚濁防止法などの法律が施行され，流域住民などの努力で改善された．1997 年の BOD の値は多摩川で 2.9 mg/L，淀川で 1.8 mg/L となっている．

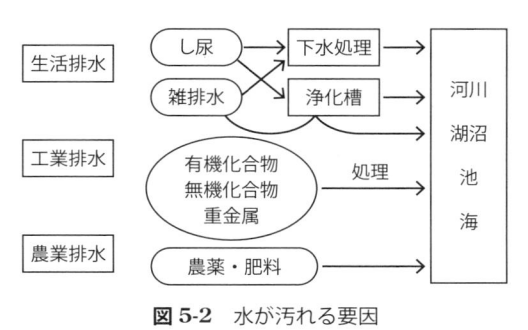

図 5-2　水が汚れる要因

> **ま と め**　水質汚染の原因の半分以上が生活排水で，し尿と雑排水とがある．し尿は下水処理，浄化槽でなされる．浄化槽では雑排水の処理がなされないので，汚染の要因になる．下水処理では，微生物に汚れの成分を食べさせて処理する．工業排水からの有機化合物，重金属類，農業排水からの農薬，肥料などの成分による汚染が問題となる．

4 話　湖沼の水質はどうなっているか？

　湖沼は各種流入水源から水が集まる場で，閉鎖性の強い水域を形成しやすい．湖沼は一般に，流れが遅く，水深が比較的深く，水が一定時間滞留する．湖沼の水質は水理要因，生物要因，気象要因，社会要因によって決定される．水理要因として，湖水の滞留時間が重要な因子である．滞留時間が 5 日以内だと植物プランクトンが増殖できない．滞留時間が長くなると，夏に成層が形成され上下層の混合がしにくくなる．また，梅雨や台風などの場合は，流入水量や流入濁度が大幅に増加するため，湖沼の水質は大きく変化する．

　湖沼の水質変化は**図 5-3** のように表される．流入した有機物や栄養塩*のうち溶解性の部分は湖沼全体に広がり，一部光合成に利用される．懸濁性の部分は底質に沈降し，細菌類によって分解される．表層付近では，栄養塩を用いた光合成が行われ，植物プランクトンが増殖する．さらに，動物プランクトンが植物プランクトンを食べて増殖する．さらに，水性昆虫や魚類が植物プランクトンや動物プランクトンを捕食して食物連鎖ができる．植物プランクトン，動物プランクトン，水性昆虫，魚類の死骸や排泄物は底質に沈降し，細菌類によって分解され溶存有機物や栄養塩となる．水性昆虫や魚類は溶存酸素（DO）がないと呼吸できないが，酸素は低温ほど溶解量が多い．植物プランクトンは光合成を行なって酸素を放出するので，表層ほど酸素が多くなる．表層で植物プランクトンの多い湖沼では，底層で植物プランクトンが見られず溶存酸素が極めて低くなることがある．一般に，生物要因による水質変化は水理要因による水質変化よりもゆっくりしている．

　湖沼の水質変化に関する気象要因としては，降雨量，日射量，気温などを通して湖沼の水理要因や生物要因を支配する．水温成層の形成，水温による溶存酸素量の変化，植物プランクトンの光合成に対する日射量，気温の影響などである．

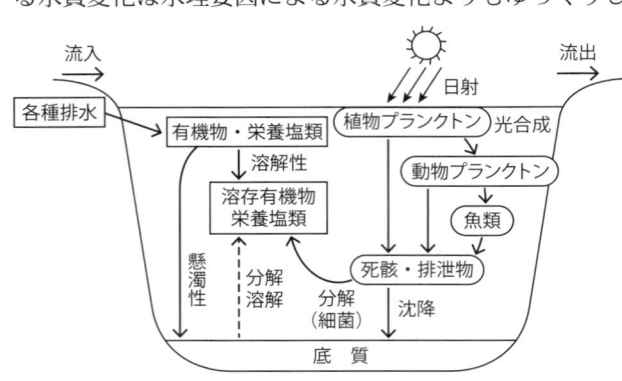

図 5-3　湖沼の水質を決める要因

湖沼の水質変化に関する社会要因は，人間活動による下水処理，浄化槽，工場排水の処理，農業における農薬や肥料の使用，畜産排水の処理などがある．水質はそれらの処理の管理運営方法などに依存する．また，貯水池操作，放流口の位置や放流量などの人為的な操作も大きな影響がある．

近年では，湖沼の富栄養化が話題となることが多い．富栄養化とは，海・湖沼・河川などの水域が貧栄養状態から富栄養状態へと移行する現象で，人間活動の影響による水中の栄養塩類の濃度上昇を意味する場合が多い．富栄養化の要因は下水・農牧業・工業排水など多岐にわたる．

このような富栄養化は生態系における生物の構成を変化させ，一般には生物の多様性を減少させる方向に作用する．富栄養化が進行した水域は栄養塩が豊富に存在するため，日光の当たる水面付近では光合成に伴う一次生産が増大し，特定の植物プランクトンが急激に増殖する．また，それを捕食する動物性のプランクトンも異常に増える．富栄養化に伴って，透明度の低下，微生物の増加と種の増加，深水層の溶存酸素の減少，底質の黒色化と硫化水素の発生，放線菌などの代謝産物または分解による異臭の発生などがある．

富栄養化が進んだ条件で，水温が 20 ℃を超えると水の華，通称アオコ**が発生しやすい．アオコは浮遊性の藻類（植物プランクトン）の異常発生によって水の色が緑青色になる．アオコ発生の場合，藍藻類がほかの藻類に比べて栄養塩類の摂取速度が速く，優先的に存在する．また，植物性の鞭毛虫類の赤色，赤褐色，黄褐色の色素を持った種類や珪藻類の異常発生によって，水の色が赤～褐色になることがある．海での赤潮と区別するため，湖沼では淡水赤潮と呼ばれる．

＊　栄養塩：植物性プランクトンに不可欠なリン，窒素，ケイ素などの元素を含む無機塩をいう．これらは水中にリン酸塩，硝酸塩，ケイ酸塩などとして溶存している．

＊＊　アオコ：富栄養化が進んだ湖沼などで発生する微細藻類（主に浮遊性藍藻）

まとめ　湖水の水質は滞留時間に依存する．表層付近では植物プランクトンが栄養塩類を用いた光合成を行い，生物の死骸や排泄物は底質に沈降し，細菌類が分解して溶存有機物や栄養塩類となる．湖沼の水質は，農薬，肥料，下水，浄化槽，工場排水，畜産排水の処理などに依存する．富栄養化に伴って，透明度の低下，微生物の増加，底質の黒色化，異臭の発生があり，時にはアオコが発生する．

5話　河川の水質はどうなっているか？

　日本のように，上流に森林がある河川では，上流から下流になるにしたがって，河川に含まれる有機物やそれに伴う生物群の特性が大きく変化する．

　最上流部では，河川は河岸の植物に覆われ，落ち葉などや小動物によるリター*が河川に流入する．これらの有機物片は一般に大型であるが，流域で一部分解されて細かくなったものや動物の排泄物や溶存態有機物片も含まれる．ただ，このような水域では，日射が遮られ，栄養塩濃度が低く，基盤が岩で構成され，急流で，生産性の高い植物は生育できない．この流域の植物は，流れに対して耐性の高い珪藻類などの付着藻類，地衣類，コケ類が主体である．こうした区間の動物群の主体は，カワゲラ目の幼虫など大型の有機物片を噛み砕いて餌とする破砕食者である．溶存酸素濃度が高く，栄養塩濃度が低いので，イワナ，やや下ってヤマメ，カジカ，ザリガニなど清涼な水を好む種が生息する．

　中流部では，川幅が広がり河岸の樹木で覆われる面積が減少し，栄養塩濃度が増加するのに伴い，河川内での植物による一次生産は飛躍的に増加する．流域からのリターの流入は下流になるにしたがって減少し，流下する有機物片もしだいに分解されて細かくなり，剥離した付着藻類が多くなり，細粒有機物片や溶存有機物の割合が多くなる．それに伴って，破砕食の水性昆虫が姿を消し，付着藻の刈取り食者（タニシなど），ろ過摂食者，生物の遺骸を食するデメトリタス食者が増加する．この区間の栄養塩類が増加するので付着藻類の種類が変化する．珪藻は糸状のものに変化し，緑藻や糸状の藍藻など生産性の高い付着藻が増加する．河底動物としては，カワゲラ，カゲロウなど，魚類では，アユ，ウグイなどの比較的汚濁にも強く，速い流速にも耐える種類が多くなる．

　下流部では，河川は緩やかで，流速は低下し，水深は深くなる．また，流域の人口が増加して，有機物，栄養塩，濁質の流入が増し，それらの一部は河床に沈着する．そのため，河川は富栄養化し，濁度が上昇し，透明度が低下する．また，河床は泥分が多くなり，有機物が多く流入する都市河川では，高濃度の有機物が堆積し，腐泥化する．この層は嫌気的で，硫化水素，メタン，アンモニア濃度が高くなる．魚類は比較的緩流速を好むコイやフナなどの魚が主流となる．栄養塩が増加して底質が腐泥化すると，沈水植物は富栄養に強い種が支配的になり，水位の変化が少ない場所では，浮葉植物の群落が発達する．河岸には，地下茎への酸素供給能力の高い

抽水植物群落が発達する．こうした群落に生息するエビ類や貝類も豊富になる．

　河川に棲む生物に最も強く影響する基礎的な水質は，水温，溶存酸素（DO），pH，濁度（SS）である．水産用水基準には，これ以外に BOD（生物化学的酸素要求量），大腸菌群数などがある．これらのうち溶存酸素は水性生物の代謝に必要な酸素に関わる．溶存酸素が不足すると，魚は水面に顔を出して空気を水とともに吸い込むが，この状態が長く続くと窒息死する．BOD はその値が大きくなると溶存酸素が低下する指標である．

　流域が都市化した河川では富栄養化が起こりやすく，BOD の値が大きくなる傾向がある．河川における BOD の水産用基準値としては，自然繁殖条件で 3 mg/L 以下となっている．ただし，サケ，マス，アユでは，2 mg/L 以下である．pH は 6.7 〜 7.5 までが望ましい範囲で，工業排水に含まれる酸や塩基，酸性雨などがあると，この範囲を逸脱するおそれがある．

表 5-2　河川の水質と生物

	河川の状態	水質状態	植物	魚類
上流	急流，岩石 川幅狭い	貧栄養 溶存酸素多い	生育少ない コケ類など	イワナ ヤマメ
中流	流速低下 川幅広がる	栄養塩増加	植物生産量大 付着藻類多量	アユ ウグイ
下流	流速緩やか 川幅，水深大	富栄養化 濁度上昇	浮葉植物 抽水植物	コイ フナ

＊ リター：落葉，枝や花，種子，樹皮，動物の遺骸など生物のゴミ

⦿ ⦿ ⦿ 　河川の水質は上流，中流，下流によって異なる．上流は貧栄養で溶存酸素が多く，清流である．中流は栄養塩が増加して付着藻類が多量に生産され，溶存酸素は上流より少ない．下流は富栄養化が起こりやすく溶存酸素は少なくなる．水質は流域からの家庭排水，工場排水，農業排水によって影響を受けるが，下流になるほどその影響が大きくなる．

6話　海の生物の分布はどうなっているか？

　海の生物の分布は海水中の無機塩の分布によってほぼ決定される．植物は光合成を行うが，それに必要な水と炭酸は海に無尽蔵にあるので，リン，窒素，ケイ素の栄養塩の存在がカギとなる．植物プランクトンや海藻は栄養塩がないと生育できないので，栄養塩によって海の一次生産量が決定される．植物プランクトンを餌とする動物プランクトン，それを餌とする魚が育つという食物連鎖ができあがる．動植物は死後分解して栄養塩として下層へ沈降するため，深層は栄養塩の大きな貯蔵庫となっている．

　海洋における植物プランクトンの分布は人工衛星によって観測されている．これは，植物体に含まれるクロロフィルが 440 nm 付近の波長の光を吸収しやすく，550 nm 付近の波長の光を吸収しにくい性質を利用して，440 nm 付近の光量と550 nm 付近の光量の比をとれば植物プランクトンの分布が推定できる．

　NASA などの人工衛星からのデータを参照すると，植物プランクトンは沿岸水域が多く，外洋では少ない．これは栄養塩を多く含んだ陸水が沿岸に流入するためである．川の上流で森林があると動植物のリターが栄養塩となるし，人間活動による排水も栄養塩を多く含む．外洋においても海山など海底に隆起部のあるところでは湧昇流が存在し，これが深層の栄養塩を上層に運ぶ．またカリフォルニア沿岸や，ペルー沿岸においては海水の湧昇が起こり，植物プランクトンの量が多く漁場が発達している．これは，北風が吹くと風の応力とコリオリ力の合力で表層の海水が西方に押し出されそれを補うように深層の海水が上昇するためである．

　また，赤道近辺の海域では栄養塩が少ないと思われるが，実際には貿易風の影響で栄養塩がある程度ある．貿易風は北半球では北東から南西に向かって，南半球では南東から北西に向かって吹き込む．この結果，赤道付近の表層海流は北半球では北西向き，南半球では南西向きに流れる．この結果，赤道付近の表層海流は東から西に向かいながら南

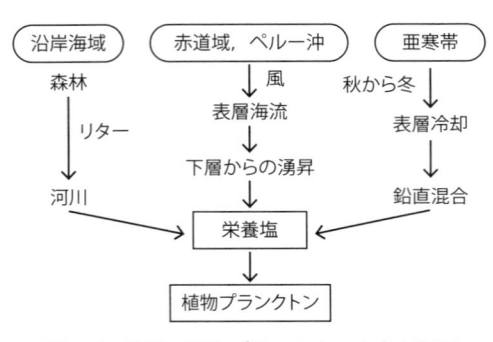

図 5-4　海洋の植物プランクトンを育む要因

と北に分かれる．この南北の流れを補うように，下層の海水が上昇してくる．この赤道湧水が下層から栄養塩を引き上げる．

　また，植物プランクトンは亜寒帯では多いが，亜熱帯では少ない．亜熱帯領域では日射によって上層の海水温が高いため密度が小さいが，下層の海水は温度が低く密度が大きい．このため安定な層（成層）が形成されて下層の栄養塩が上層に上がらない．一方，亜寒帯では，秋から冬にかけて海は上層から冷やされ，風によっても強制的にかき混ぜられる．このため夏にできた安定成層が崩され，鉛直混合が起こり，栄養塩が上層に引き上げられる．春の日射によって浅い安定成層ができると，植物プランクトンは上層で安定して栄養塩と日射を受けるので，スプリングブルームと呼ばれる大繁殖が起こる．このように，栄養塩の多い海域では植物プランクトンが増えるため，動物プランクトンや魚類も増え，良い漁場となる．

　サンゴは熱帯や亜熱帯の深海底や浅い海の岩礁に着生する腔腸動物門に属する海産動物である．直径 1 mm 程度のサンゴ虫が多数集まって群体を形成し，石灰質の骨格を持っている．サンゴは動物プランクトンを餌とし，褐虫藻という植物プランクトンと共生している．一般に，熱帯や亜熱帯では海藻が少なく，サンゴ礁が多い．サンゴ礁は陸における森林と同じように，生物を育む働きをしていると考えられる．

　熱帯や亜熱帯の海岸には，マングローブと呼ばれる常緑樹の群落がある．マングローブを構成する樹木は干潮時には根元が大気にさらされ，満潮時には幹の下部まで海水に浸る．マングローブは海の河口域を中心に広がっている．マングローブも陸の森林と同様の働きをしている．落葉，落枝が海底でバクテリアに分解され，植物プランクトンなどの栄養塩となる．動物プランクトン，小魚，カニ，エビなどの多種の生物がマングローブを核として生育している．

ま と め　　　海の生物の分布は海水中のリンや窒素などの無機塩の分布によってほぼ決定される．植物プランクトンは栄養塩を用いて光合成を行い，それを餌とする動物プランクトン，魚が生育する．動植物は死後分解して栄養塩として下層に沈降するため，深層は栄養塩の貯蔵庫となっている．栄養塩は沿岸域や深海からの湧昇流があるところで多いので，その海域は良い漁場となる．

7話 海の環境の劣化はどのように進むか？

　海は自然の状態であれば一時的に環境が劣化することもあるが，多くは自然の浄化作用で元に戻る．海の環境劣化は主として人間活動によるものである．

　赤潮は閉鎖形の湾などで海の富栄養化に伴って植物プランクトンが異常増殖して変色する現象である．水の色は原因となる植物プランクトンの色素によって異なり，オレンジ色，赤色，赤褐色，黒褐色などである．赤潮を引き起こす生物は，色素としてクロロフィルのほかに種々のカロテノイドを持つ場合が多く，細胞がオレンジ色や赤色を示す．1970年代には瀬戸内海において赤潮による養殖ハマチの大量死が社会問題となった．赤潮は日本特有の現象ではなく，世界の海洋でも頻発している．

　赤潮が発生するための窒素濃度は 7 μM 以上，リン濃度は 0.5 μM 以上と言われている．家庭排水，下水道処理水，食品工業からの排水，肥料散布などが河川を経由して海に流れ込むと，栄養塩が過剰な状態になる．養殖場では生餌を与えており，それらは直接あるいは魚の糞として海底に沈積する．これらが，水温上昇とともに微生物により分解され，栄養塩は底層に高濃度で存在する．底層水は栄養塩を高濃度で含んでいても，水温成層のため表層では栄養塩濃度は低いままである．これが，低気圧などによって海水の上下混合が起きると，表層に高濃度の栄養塩が運ばれ，赤潮発生の要因となる．赤潮が魚介類に与える影響としては，溶存酸素濃度の低下，鰓にプランクトンが詰まることによる窒息，藻類が産生する毒素による斃死などがある．これらの作用により，漁業，特に養殖現場では特に大きな被害が出る．また，有毒藻である渦鞭毛藻類などの産生する毒素が貝類の体内に蓄積し，それを食べた人間に健康被害を及ぼすこともある．

　青潮は赤潮とは直接関係がなく，溶存酸素が枯渇した底層水が表層に移流して発生する．水中の溶存酸素は水棲生物の呼吸と有機物質の分解によって消費される．溶存酸素がなくなると，硫酸塩がバクテリアによって分解され，硫化水素が発生する．東京湾では，海岸の埋め立てに湾の底土を使用したため大きな窪みがたくさんある．窪みから無酸素水が発生し，それが海底を覆う．そういう状態で低気圧などにより陸から海へ強風が吹くと，表層水が湾口に向かって流れ，それを補うように底層の無酸素水が表層に現れる．そのとき，表層水の水は青色を示すが，それは硫黄やポリ硫化物による．青潮に巻き込まれた魚や貝類は死ぬから漁業被害も大きい．

　人為起源の化学物質が河川を通して流入し，海を汚染している．化学物質とは，重金属，農薬や溶剤，プラスチック，油類などさまざまである．重金属は鉱工業，メッキ，都市排水などさまざまな発生源から河川を通して海に流入している．重金属のうち，水銀，カドミウム，鉛，セレン，ヒ素

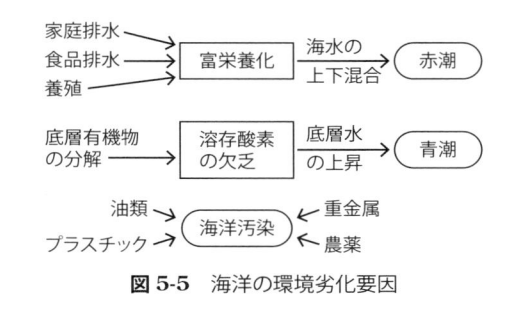

図 5-5　海洋の環境劣化要因

などが毒性が大きい．水銀はメチル水銀となって海洋生物に濃縮され，食物連鎖によって沿岸住民に被害を与えた．農薬としては，DDT，BHC，ダイオキシンなど有機塩素化合物が多く，これらは脂溶性であるため食物連鎖を通して最終的に人間に被害を及ぼす．私たちは日常生活で便利なプラスチック製品を利用しているが，プラスチックは自然界ではほとんど分解されないし，焼却しても炉の劣化を早めたり，埋め立ての場所にも困る．ゴミとして捨てられたプラスチックは一部河川に流れ込み，海に入り込む．その結果，世界の海には無数のプラスチック細片が漂流している．そのうち最も多いのが発泡スチロールで次にビニール類，各種プラスチックと続く．プラスチックの毒性は報告されていないが，鳥類やウミガメなどの海洋生物が飲み込んで障害を起こしたり，漂流するゴミに絡まれるケースもある．油類のうち大型タンカーによる原油汚染が最も深刻である．大型タンカーの座礁，原油タンクのバルブ操作ミスなどによって大量の原油流失事故が後を絶たない．事故による原油汚染だけでなく，原油タンカーが通るルートにも油汚染が見られる．この油は船自身からの廃棄物である．

> **ま と め**　海洋の環境劣化のほとんどが人間活動によるものである．赤潮は家庭排水，食品工業の排水などによって富栄養化が起こり，風などによって海水の上下混合があると起こる．青潮は底層の有機物が分解し，溶存酸素の欠乏によって起こる．いずれも漁業被害が出る．海洋汚染に関して，人間が排出した重金属，農薬，油類，プラスチックなどが世界の海洋に広がっている．

コラム

森林の伐採による海の環境劣化

森林地帯には枯葉などが堆積し，腐食土層があり，その下に鉱質土層がある．森林は保水機能を持つとともに，河川を通して栄養塩を供給して海の生態系を維持する役割をしている．

森林の伐採が行われると，腐食土層が流失し，雨水は表層を流れ下り，地下への水の供給が大幅に減ってしまう．大雨のときには，水はいっきに河川に流入し，堤防決壊などの被害をもたらす．森林の伐採によって腐食土層がなくなると，上流の土砂が海に流入して漁業被害をもたらす．300年前の北海道のえりも岬では広葉樹の原生林に覆われ，アイヌの人々が生活していた．明治になって本州からの入植者が増えると，家財，燃料，放牧のため森林が伐採された．そのため上流からの土砂が海面を赤く染めるまでになったという．そのため沿岸の漁獲量が大きく減ったという．また，コンブなどの海藻は微粒子の粘土粒子が付着することによって枯死した．また，岩盤が粘土質で覆われたため，海藻の胞子が着床できなくなり，海藻の生育も困難になった．このように，沿岸の有用海域が消滅してしまう現象を磯焼けと呼んでいる．さらに，磯焼けが見られる海域では，石灰藻と呼ばれる一種の海藻が岩盤や岩石を覆い，有用な海藻がまったく生育しない現象がある．えりも岬では，1998年には砂漠化した岬の面積の70％の森林を蘇らせることに成功した．その結果，漁獲量は緑化前の250倍になったという．

海水温の低い北の海では海藻が生い茂り魚の生育の場となっているが，熱帯や亜熱帯では海藻ではなく，サンゴ礁が海藻の代わりをしている．近年，沖縄では山や丘を削り農地，リゾート，ゴルフ場のために森林の伐採が進行している．それに伴い，土砂が流失してサンゴを覆い，一部サンゴの死滅が進んでいる．

第 6 章

自動車と環境

自動車はガソリン車やディーゼル車からハイブリッド車，燃料電池車や電気自動車へといわゆるエコカーへの転換が進みつつある．この章ではガソリン車とディーゼル車の機構の違いと排出ガス対策，ハイブリッド車や燃料電池車の機構とエコカーとしての位置づけ，電気自動車の開発状況と本格普及への課題について紹介する．また，近年開発競争が激しい自動運転技術の社会と環境に対する影響についても紹介する．

1 話　ガソリン車の環境への影響は？

　ガソリン車はピストンとシリンダーからなる空間にガソリンと空気の混合ガスを注入し，そこからピストンを押し込んで圧縮した後，点火して爆発的に反応させてピストンを急激に押し出して機械的なエネルギーを得る．ガソリンは炭素数4〜10の炭化水素で燃焼によって二酸化炭素と水蒸気になるが，シリンダー内の温度は2 000 ℃以上になり，その熱によって気体が膨張しピストンを動かす．4ストロークエンジンでは，混合気体の①吸入，②気体の圧縮（着火），③膨張，④排気の4工程の間にピストンが下上下上と2往復する．ピストンの上下運動はコンロッドとクランクシャフトの組み合わせによって回転運動に変えられる．エンジンの生み出す熱によって不具合が起こることをオーバーヒートと呼ぶ．オーバーヒートが起きないようにラジエーターなどの冷却装置が取り付けられている．

　エンジンを始動するときはイグニッションキーを右側に回してスターターモーターを回す．そのときのモーターはバッテリーからの電気を使う．エンジンの吸入，圧縮（着火），膨張，排気という4工程をスタートするには，外部からピストンを上下してスターターモーターを回し，クランクシャフトを先に回転してピストンを上下するという通常とは逆の動きを起こす．スターターモーターが回り，クランクシャフトが回転すると，ピストンが往復運動を始め，エンジンが空転する．ピストンが下がるとエンジン内のシリンダー内の気圧が下がり吸引力が生じる．この吸引力によってガソリンと空気の混合ガスを吸い込み，最初の吸入工程となる．

　ガソリンが燃えると二酸化炭素と水蒸気になると述べたが，排気ガスには空気中の窒素が酸化した窒素酸化物 NO_x，そして燃え残りのススの微粒子や一酸化炭素（CO），炭化水素（HC）が含まれる．これをそのまま排出すると空気を汚染するので，触媒マフラーを通すことで浄化する．NO_x，CO，HC の抑制方法は互いに矛盾するため，単一の方法ではすべてが低いレベルに収まらない．すべての排出量を抑える

$$NO_x \longrightarrow N_2 + O_2$$
$$CO \longrightarrow CO_2$$
$$HC \longrightarrow CO_2 + H_2O$$

（右側に）Pt - Pd - Rh の3元触媒で処理

$$CO_2 \longrightarrow 量を減らす \longrightarrow 燃費を良くする$$

図 6-1　ガソリン車の排出ガスへの対応

には三つが比較的低いレベルに収まる空燃比（およそ 14.7）で燃焼させ，触媒マフラーには白金，パラジウム，ロジウムの 3 元触媒を使い 600 〜 800 ℃の温度で，NO_x は窒素と酸素に，一酸化炭素は二酸化炭素に，炭化水素は二酸化炭素と水蒸気に変える．排気ガスの温度を下げれば燃費が良くなるが，触媒マフラーの温度が下がるので排気ガスの浄化はうまく行かない．

　触媒マフラーを通過した排気ガスは消音マフラーに入る．排気ガスの流れは速くエンジンの 4 工程によって激しく振動するのでそのままだと大きな騒音になる．消音マフラーは太い筒でできているので気体の速度が低下し，これで音が小さくなる．次に消音材であるグラスウールの層を通してさらに音を小さくする．

　ガソリンエンジンの効率は 30 ％程度だと言われている．排ガスの熱として 32 ％，エンジンの冷却に 28 ％，エンジン周りの摩擦や放射熱として 10 ％が損失となっている．これはガソリンエンジンが燃焼熱を動力源としていることに由来しているためである．エンジン単体の効率は 30 ％だが，ガソリン車としての効率はそれよりかなり低くなると考えられる．例えば，ガソリンエンジンではエンジンが空転するアイドリングという状態があるが，そのときに消費されるエネルギーは車を走らせるために使われていない．

　車の環境性能は有害排気ガス濃度が少ないことも必要であるが，ガソリン 1L 当たりの走行距離，いわゆる燃費が重要である．燃費が良いほど 1 km 走行するときに出す二酸化炭素の量が少ないからである．国産自動車の燃費のランキングについて，JC08 モードを基準とした数値で見ると，アクアなどのハイブリッド車が 40 km/L 前後と上位を占めるが，軽自動車のスズキのアルトやマツダのキャロルが 37 km/L とガソリン車であるにも関わらずハイブリッド車に近い燃費を示している．これは，車体を軽量化することが有効であることを示すとともに，エンジン周りを中心とした細かいノウハウの積み重ねによるものと考えられる．

> （ま）（と）（め）　ガソリン車はピストンとシリンダーからなる空間にガソリンと空気の混合ガスを注入し，ピストンを押し込んで圧縮した後，点火して爆発的に反応させピストンを押し出して機械的なエネルギーを得ている．ガソリン車の排出ガスへの対応では，NO_x，CO，HC は白金，パラジウム，ロジウムの 3 元触媒を使ってそれぞれ無害な形に処理する．二酸化炭素への対応は排出量を減らすため燃費を良くする．

2 話　ディーゼル車の環境への影響は？

　ディーゼル車は軽油を燃料に使う．軽油は炭素数 10 〜 20 程度の炭化水素の混合物で，ガソリンに比べて炭素数が多いので引火点がガソリンの −40 ℃以下に比べて 40 ℃以上と高く安全性にすぐれ，着火点がガソリンの約 300 ℃に比べて約 250 ℃と低いのが特徴である．

　ディーゼル車はエンジンとして使う際には，圧縮比を大きくして燃料室の空気を高温にし，そこに軽油を霧状に吹き付けて自然発火させるので，点火装置が不要である．吸入工程では，ガソリンエンジンは燃料と空気の混合ガスを吸入するが，ディーゼルエンジンでは空気のみを吸入する．点火方法は，ガソリンエンジンではプラグで発火させるが，ディーゼルエンジンでは圧縮した空気に軽油を直接噴射して自然発火させる．後工程の膨張と排気の 2 工程はガソリンエンジンと同じである．軽油を高温の空気で着火させるために，ディーゼルエンジンでは圧縮比を 17 〜 20 とガソリンエンジンの倍程度に設定される．また，ガソリンエンジンでは燃料と空気の混合比を 1 対 15 程度にする必要があるが，ディーゼルエンジンではより希薄燃焼が可能なので，熱効率が高いのが利点である．一方，高い圧縮比を実現するには，エンジンを頑丈にする必要があり，重量が増す欠点があり，高回転の用途では振動も大きいので小型の乗用車には向かないと言われてきた．日本ではディーゼルエンジンは大型のバスやトラック，乗用車では重量の重い RV 車などに採用されてきた．1990 年代後半の日本では，都市部での黒煙や粒子状浮遊物質の主因がディーゼル車にあるとされて規制が強化されたため，乗用車用のエンジンとしてはほとんど採用されなかった．ディーゼルエンジンは燃料の軽油の沸点が高いため，圧縮過程から着火までに均一化した混合ガスを得にくい．そのため，燃料濃度の濃い領域では酸素不足となってススが出るし，ススの排出を防ぐために空気の割合を増せば窒素と反応して NO_x の排出が増える．NO_x と PM2.5 の排出量はトレードオフの関係にあり，両者の濃度を低減するのが困難であった．

　その後，ヨーロッパを中心に低公害・低燃費のディーゼル車が開発され，普及したことから，日本でも新しいディーゼル車を見直す動きがある．その中心的な技術はコモンレール方式の採用である．新方式では，燃料ポンプから燃料を噴射するインジェクターの間に高圧になった燃料を蓄える部屋（コモンレール）があり，インジェクターからは各種のセンサーの情報をコンピュータが判断した最適のタイミン

グと量の燃料を噴射できるよう
にしてある．その結果，燃焼状
態は理想に近づき，燃費がさら
に改善し，大気汚染物質も大き
く減少した．

　さらに，環境に対する配慮か
ら排気ガス浄化が行われている．
一つは，DPF と呼ばれるフィ
ルターで，黒煙やススと呼ばれ
る粒子状物質を吸着して取り除
く．二つ目は，NOₓ 還元触媒で

```
┌─────────────────────────┐
│     ディーゼルエンジン      │
└─────────────────────────┘
   空気を圧縮して燃料を噴射し着火
       ┌─────────┐
       │ 問題点 │
       └─────────┘
   燃料が不均一．ススと NOₓ が出やすい
       ┌─────────┐
       │ 改良点 │
       └─────────┘
```

(1) コモンレール方式
　　高圧の燃料を蓄える部屋：最高のタイミングで燃料噴射
(2) 排気ガスの浄化
　　・DPF フィルターでススを取り除く
　　・触媒を用い，また尿素 SCR で NOₓ を浄化

図 6-2　ディーゼルエンジンの問題点と改良点

ロジウムなどの貴金属を使って大気汚染物質である NO_x を還元して浄化する．三つ目は，尿素 SCR と呼ばれるもので，NO_x を尿素と反応させて還元する．これらのディーゼル車に特有の排気ガス浄化システムを採用することによって，厳しい排気ガス基準を達成しつつある．なお軽油中の硫黄含有量が多いと SO_x を発生し，粒子状浮遊物質の原因となることから，硫黄分は 10 ppm 以下に厳しく規制されている．ヨーロッパでは中東産よりも軽油中の硫黄分は非常に少ない北海産原油を使う比率が高いので，PM2.5 の排出量を減らすのに有利で，ディーゼル車が高いシェアを獲得する一つの要因となっている．

　国産のディーゼル車の中には，従来よりも圧縮比を下げ，軽量かつコンパクトなエンジンが開発され，より燃料を微細化できるインジェクター，応答性を良くしたターボチャージャー，始動時や寒冷時の燃焼を安定化させるバルブシステムなどが採用され，排気ガスシステムがなくても排気ガスが浄化されつつある．

　ま と め　ディーゼルエンジンでは，圧縮比を大きくして燃料室に空気のみを入れて高温にし，そこに軽油を霧状に吹き付けることで自然発火させる．その際，燃料が不均一でススや NO_x が発生しやすい問題があった．その後，着火のタイミングの最適化，ススを取り除くフィルターの採用，触媒などを用いた NO_x の浄化システムの採用によって排気ガスの浄化が実現している．

3 話　ハイブリッド車の環境への影響は？

　ハイブリッド車とはエンジンとモーターを動力源として備えた車である．運転条件によってエンジンのみで走行，モーターのみで走行，エンジンとモーターを同時に使用して走行するものなどがある．エンジンの回転力を直接動力として利用することに加え発電機を回すために利用するタイプも多くある．発電機の動力源は主にエンジンで，補助的に二次電池や回生ブレーキを用いる．

　電気自動車は将来性の高い車だが，1回の充電で走れる距離は短いという問題がある．世界的な環境重視の流れに沿って 20 世紀末にハイブリッド車がエコカーとして登場し，日本ではハイブリッド車が売れ行きの上位を占めている．

　車は停車状態から発進するときに最も大きなエネルギーを必要とする．その場面で最大の力を発揮するのがモーターである．モーターは大きな電力をかければすぐに大きなトルクを出せる．一方，エンジンはエンジンの回転数を上げないと大きな力を出せない．したがって，小さな力を歯車で大きくできるように，発進用の大きなギア比を備えたトランスミッションが必要である．

　エンジンとモーターの両方を持つハイブリッド車は，発進時に大きな力を出せるモーターを使い，速度が出てきたらエンジンを使う．最大トルクを出せる回転数近くまで車の速度が上がればエンジンの効率が良い．このように，ハイブリッド車はエンジンとモーターの長所を生かして使い分け，燃費を改善して二酸化炭素の排出量を減らし，有害物質の排出が少ない．モーター駆動用の電池への充電にはエンジンの動力を使うか，車が減速する際に発電機として機能する回生を利用する．モーターが発電機に切り替わるのは，モーターと発電機が同じ機構だからできる．減速時にアクセルから足を離すと制動力が働き，タイヤの回転力がモーターに伝わり，発電機に切り替わる．この回生によってエネルギー効率が高くなる．

　ハイブリッド車にはいくつかの種類がある．これまで述べてきたハイブリッド車はパラレル方式と呼ばれる．パラレル方式には 2 種類ある．一つはエンジンとモーターに加えて発電機を持つ方式で，トヨタが採用している．走るときに主に使う機構がモーターで，急加速など補助的にエンジンを利用したり，ある一定回転数でエンジンを使って燃費を良くしている．エンジンは発電機の動力としても働かせて，電池を充電しておく．この方式は，シリーズ・パラレル方式とも呼ばれる．**図 6-3** にハイブリッド車の仕組みを示す．

　二つ目の発電機を持たない方式では，主にエンジンの駆動力で走る．モーターはエンジンの駆動力が不足する発進時や追い越し加速などより大きな力が必要なときに補助的に使う．この方式はホンダなどが採用している．

　シリーズ方式と呼ばれるハイブリッド車もある．この方式では，車を走らせる動力としてモーターだけを使う．エンジンは発電機を動かすために使い，その電気を使ってモーターを駆動する．大型のバスなどで使われている．モーターは低い回転数から大きな力が出せるので，バスなどの重い車を動かすのに適している．モーターの駆動だけに発電機を動かすため小さなエンジンで済むため燃費が良くなる．

　日本ではハイブリッド車はエコカーとして定着しているが，欧米ではそれに疑問符がつく動きが続いている．米国カリフォルニア州では，ハイブリッド車が 2018 年からエコカーの対象から外される．カリフォルニア州は典型的な車社会で，汚染物質を出さない車（ZEV）を推進してきた．2018 年から EV（電気自動車）と FCEV（燃料電池車）しか ZEV として認められなくなった．ヨーロッパでも将来は電気自動車を主体とする動きが相次いでいる．そういう意味では，ハイブリッド車は電気自動車が本格普及するまでのつなぎの車としての位置づけになる可能性が高いと考えられる．

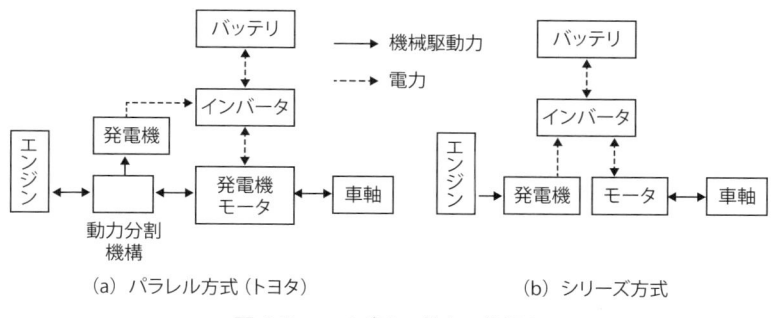

図 6-3　ハイブリッド車の仕組み

> （**ま**）（**と**）（**め**）　ハイブリッド車はエンジンとモーターを動力源とする車で，発進時に大きな力を出せるモーターを使い，速度が出てきたらエンジンを使う．車が減速する際に発電機としてエネルギーを回収できる．ハイブリッド車は燃費を改善して有害物質をあまり出さない．カリフォルニア州ではハイブリッド車は，2018 年からエコカーの対象から外されたように，電気自動車が本格普及するまでのつなぎの車としての意味が大きくなる．

4 話　プラグインハイブリッド車の環境への影響は？

　電気自動車のように直接充電できるハイブリッド車はプラグインハイブリッド車（PHV）と呼ばれる．プラグインはコンセントにコードをつなぐという意味である．家庭用の電気で充電する前提で電池を多く積み，電気自動車ほど長距離は走れなくても，日常の通勤や買い物程度の距離では電池だけで走ることができる．この背景には一般的なドライバーが 1 日に走る距離が平均 30 km 以内というデータがある．ただし，PHV で遠出をするときはガソリンで走る必要がある．

　PHV は，電池容量は電気自動車より少ないものの，ハイブリッド車よりは多い．充電には家庭用電源が利用可能で，電化地域であればどこでも充電できるメリットがある．ハイブリッド車ではあるが電気自動車に近く，長距離走行を内燃機関で補いつつ実用的な電動航続性能があり，片道 30 km 程度の通勤や買い物や送迎といった日常用途なら燃料を使わずに安価な深夜電力のみで往復できる．電池のみの航続距離は，プリウス PHV で 68.2 km，三菱 PHV で 60.8 km，VW，BMW，Audi，ポルシェの PHV で 50 km 台である．これらのデータからみると，日常的な使い方であれば，PHV で十分用が足りるということになる．

　PHV の短所は，自家発電装置などがない限り停電時に外部電力での充電ができない，電池容量を超える距離の走行は内燃機関で発電を行いながらの走行となる，電気自動車と内燃車の双方の機構が必要でガソリン車より高コストとなり電池のコストダウンが進んだ場合は純電池式電気自動車に比べコスト面で不利ということなどが挙げられる．

　PHV は自宅でも充電できるが，将来はより便利な充電方法が可能になると考えられる．ワイヤレス充電と呼ばれるもので，ケーブルでつながなくてもできるシステムで 3 種類の方式があり，電気自動車と共通仕様となる．一つは電磁誘導方式で，二つの隣接するコイルの片方に電流を流すと電磁誘導でもう一方のコイルに電流が流れる仕組みで大電力化も可能だが距離が離れると

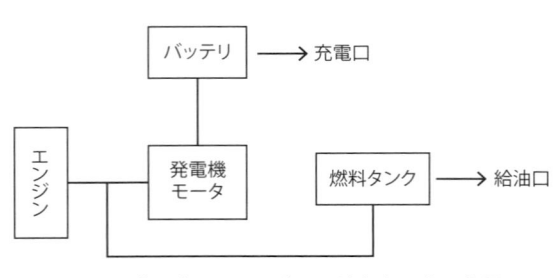

図 6-4　プラグインハイブリッド車（PHV）の仕組み

効率が下がるので接触状態に近くする必要がある．二つ目は電磁界共鳴方式と呼ばれるもので，送電側のコイルが空間に形成した電磁界を受電側のコイルが受け取ることで電力を伝える．共鳴現象を利用することで効率を高められるので 1 m ほどの距離があっても充電が可能である．三つ目は電波方式で，電流をマイクロ波などの電磁波に変換しアンテナを介して送受信する方式で離れた距離でも送れるが，大電力化と高効率化に課題が残っている．ワイヤレス充電が可能になれば自宅の駐車場，ショッピングセンター，レストランなど街の充電インフラを活用しやすくなる．

　PHV は電気自動車とハイブリッド車の間でつなぎの役目として登場した感があるが，車体全体に占める電池の割合が重量的に見ても体積的に見てもまだ大きい．PHV は一時的なつなぎで終わるのかそれともかなりな期間継続するかは電気自動車の開発動向，とりわけ高性能電池の開発にかかっている．

　米国カリフォルニア州では，2018 年から EV（電気自動車）と FCEV（燃料電池車）しか ZEV（排気ガスを全く出さない車）として認めなくなった．ただし，PHV はある一定期間は ZEV として認める方向のようだ．その理由として，PHV の電池のみの航続距離がどのメーカーも 50 km を超え，日常的な使い方では大気汚染を起こす心配がほとんどないからと考えられる．ヨーロッパでも将来は電気自動車を主体とする動きが相次いでいる．日本勢もハイブリッド車の売れ行きの現状に満足せず，電気自動車の本格開発に乗り出さざるを得なくなっている．そういう意味で電気自動車の開発競争が激しくなるのはもちろんであるが，当面の量産車では PHV の競争が熾烈になると考えられる．

---

　⑱⑲⑳　電気自動車のように直接充電できるハイブリッド車を PHV という．PHV は電気自動車ほど長距離は走れないが，日常の通勤や買い物程度の距離では電池だけで走ることができる．遠出をするときはガソリンで走る必要がある．PHV は電気自動車とハイブリッド車のつなぎの車であるが，電気自動車の開発競争が熾烈になるなかで，PHV は当面の量産車の中核になると予想される．

5 話　燃料電池車の環境への影響は？

　燃料電池自動車（FCV）は水素を燃料タンクに蓄え，燃料電池（FC）で発電して電動モーターを駆動する電気自動車である．FCV は固体高分子形燃料電池（PEFC）が用いられている．FCV の長所は，エネルギー効率がガソリン車の 3 倍程度あること，走行時に二酸化炭素や窒素酸化物を出さないこと，航続距離が電気自動車より長いことなどである．燃料電池車の短所は，高圧水素タンクが必要であること，化石燃料から水素を生産するとガソリン車以上に環境負荷が大きいこと，水素供給インフラ整備が必要なこと，触媒に用いる白金などにより燃料電池自体が高価となり，取得費用がかかるなどである．

　FCV は FC スタック，二次電池*，高圧水素タンク，モーターなどからなる．FCV は EV と比較すると二次電池を FC に置き換えた車だが，二次電池を補助的に使っている．FCV は FC を最も効率の高い出力条件で運転するために，二次電池はエネルギーの需要と供給のバランスを取るための電力の貯蔵装置として使うし，ブレーキをかけたときに回収されるエネルギーを電力として貯蔵するために使う．

　FCV に燃料を供給する水素ステーションにはいくつかのタイプがある．ガソリンスタンドのように，定位置に建設する定置式と，水素源のない地域やバックアップ用に使われる移動式とがある．水素の発生源には 3 種類がある．第 1 は鉄鋼業，化学工業，精油所などから副生水素をタンクローリーで運搬貯蔵し自動車に充填する方式，第 2 は商用電源や再生可能エネルギーの電力で水を電気分解して水素を製造する方式，第 3 はメタノール，都市ガス，灯油などの燃料から水素ステーション内で改質して水素を生産する方式である．いずれにしても，現状では水素を高圧タンクに充填し，70 MPa（700 気圧）程度に加圧されている．

　FCV の走行試験の結果では燃費は約 120 km/kg であった．水素の価格が 1 200 円/kg とするとガソリン車と同じ程度で，HV と競合するには 600 円/kg，深夜電力利用の EV と競合するには 120 円/kg であることが必要である．

　FCV の水素供給インフラと EV の充電インフラとの比較では，充電所のほうがより設置しやすい．水素スタンドは，タンクの設置方法，安全装置など多くの制約があり，ガソリンスタンドの約 3 倍のコストがかかる．2017 年 10 月時点での日本国内における水素ステーションの数は 100 か所程度，計画が 3 か所で，九州南部，四国南部，山陰，北陸・信越，東北北部にはまだ計画もない．

　FCV は水素を燃料に使うので安全性に対する懸念もある．水素は空気との混合割合が広い範囲で発火するため危険だと思われがちである．水素は空気よりもかなり軽く，漏れたとしてもすぐに拡散してしまうのでかえって安全だという面もある．公的な機関での実験やシミュレーションによると，FCV はガソリン車や天然ガス車に比べて大差がないとのことである．

　米国カリフォルニア州では，2018 年から EV と FCV のみ ZEV として認めることになった．今後，EV と FCV の開発競争が激しくなると予想される．FCV は EV に比べての長所は航続距離が長い点である．FCV は燃料 1 回充填するのに 3 分間で，航続距離が 650 km 程度であるのに対して，EV では航続距離が 300 〜 500 km, 急速充電でも 30 分以上かかる．ただ，FCV は水素源にはコストがかかり，70 MPa と高圧充填するためにエネルギーとコストがかかる．FCV は走行時には二酸化炭素を発生しないが，燃料水素を車に装着するまでに EV よりも二酸化炭素を発生していることになる．さらに，FCV の燃料コストが EV の充電コストより高く，走行コストが高くなる．EV は航続距離が FCV に比べて劣るが，今後の電池技術の向上を考えると，総合的な将来性ははるかに高いと考えられる．

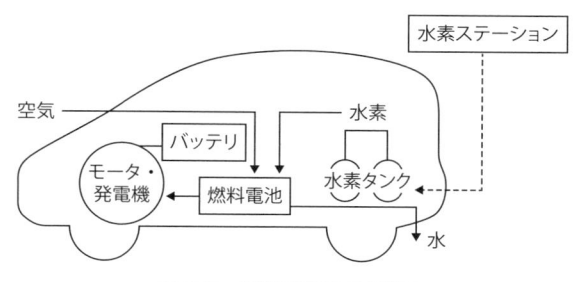

図 6-5　燃料電池車の仕組み

＊ 二次電池：充電式電池で，繰り返し充電して使用できる電池

> （ま）（と）（め）　FCV は水素を燃料として燃料電池で発電して電動モーターを駆動する．FCV の長所は，エネルギー効率がガソリン車の 3 倍程度，走行時に二酸化炭素や窒素酸化物を出さない，航続距離が電気自動車より長いことである．FCV には高圧水素ボンベが必要なこと，EV に比べて走行コストが高いこと，水素供給インフラが必要なことなどから，将来性は EV に比べて劣る．

6話　電気自動車の環境への影響は？

　電気自動車（EV）はエンジンを使わずに車に載せた電池から電力を得て走る．エンジンを使わないので，エンジン，トランスミッション，ガソリンタンク，燃料ポンプ，燃料噴射装置，吸気管と排気管，排気ガス浄化装置，マフラーなどが不要となる．一方，モーター，蓄電池，制御に関わるインバーター，充電器が必要になる．

　EVは，外部からの電力供給によって二次電池に充電し，電池から電動モーターに供給する方式が一般的である．車両自身に発電装置を搭載する例としては，太陽電池を備えたソーラーカーや，燃料電池を搭載する燃料電池車がある．電池を用いた方式は構造が単純であるため，自動車の黎明期から今日まで遊園地の遊具，フォークリフト，ゴルフカートなどに多く使用されてきた．しかし，二次電池は出力やエネルギー当たりの重量が大きく，コストも高く，寿命も短かいという問題があった．また，稼働時間に比べて長い充電時間も短所で，交通機関の主流とはならなかった．近年，出力密度が高く，繰り返しの充放電でも劣化の少ないリチウムイオン二次電池の発展により，電気自動車が実用化されるようになった．

　ガソリンエンジンやディーゼルエンジンなどの内燃機関による動力源と比較すると，モーターの起動トルクは大きいので高速回転領域まで電力の変換効率がそれほど変化しない．したがって，電気自動車は変速機を必要としないし，始動用の補助動力装置も不要である．モーターは外周部（ステーター）にはいくつかのコイルが並べられ，中心部には強力な永久磁石が埋め込まれたローターがある．電池からインバーターを通して交流が流れるとコイルは電磁石となってNSNSと変化すると，永久磁石のNSとの間に吸引力と反発力が生じてローターが回転する．ガソリンエンジンの変換効率は約30％だが，モーター回転の約80％が駆動力になる．

　電気自動車の特長としては，内燃機関に比べエネルギー効率が数倍高いこと，内燃機関のクラッチ，変速機などが不要で，パッケージングの制約が少ないこと，内燃機関特有のアイドリングがないため無駄なエネルギー消費がないこと，電動モーターは駆動力と制動力の双方を生み出すため減速時のエネルギーの回生ができること，走行時に二酸化炭素や窒素酸化物の排出がなく環境に優しいこと，電池の価格さえ大幅に下がれば，ガソリン車より安く作れる点が挙げられる．

　電気自動車の欠点としては，電力は燃料のように備蓄ができず，停電の際は自家発電などの電源を要し，内燃機関の廃熱が使えないためエアコン使用時は航続距離

が短くなる．現在の二次電池は，重量当たりのエネルギーが化石燃料に比べて小さく，充電容量も限られ同一重量当たりの走行距離が内燃機関車より短く，特に積載量が大きい貨物自動車や，大型自動車には採用しにくい．

EV のイグニッションキーをひねる，またはスタートボタンを入れるとメーターに "ready" の表示が出るだけでモーターは止まったままである．これはハイブリッド車でも同じである．シフトレバーを P から D にしてアクセルペダルを踏み込むと EV は静かに走り出す．ドライバーがアクセルペダルを踏み込むと，ペダルに取り付けられたセンサーがペダルの移動量を検知してその信号をコンピュータに送る．コンピュータはインバーターに指示を出して，モーターに伝える電力量を調節する．モーターは電池から送られた電力にしたがって回転数を調節する．

フランスは 2040 年までに電気自動車のみを販売する政策を打ち出した．欧州のほかの国でも同様の動きが伝えられている．こうした動きに呼応して世界の主要メーカーが EV シフトに乗り出している．

性能面では航続距離が一番問題になるが，アメリカのテスラ社のモデル S では 400 〜 613 km，ルノー社の ZOE では 400 km，BMW 社の i3 では 390 km，VW 社の e-ゴルフでは 301 km，シボレー社のボルトでは 383 km，日産のリーフでは 224 〜 280 km となっている．航続距離に関するデータだけからみると実用に問題ないレベルに達しているが，価格などまだ十分に普及する体制にはなっていない．

今後，電池の性能向上によるコストダウンのスピードが普及のカギを握ると考えられる．現在のリチウムイオン電池は，正極にマンガン，ニッケル，コバルト酸化物とリチウム酸化物，負極に炭素が使われている．これに対して，正極にリチウムと硫黄化合物，負極にシリコン，酸素，炭素の化合物を用いて，理論的に現状の 3 倍程度のエネルギー密度を実現できる可能性がある．さらに，全固体電池は液体電解質を使うリチウムイオン電池の代わりに電解質を固体化したもので，大容量で安全性にも優れている．これらの電池の実用化には数年かかると考えられている．

（ま）（と）（め）　EV はエンジンを使わずに車にのせた電池から電力を得て走る．EV はエンジンを使わないので，多くの部品が不要となる．EV は内燃機関に比べエネルギー効率が高い，クラッチや変速機などが不要，アイドリングがない，モーターは駆動力と制動力の電子制御が可能，有害な排気ガスを出さないなどの特徴がある．世界的に電気自動車へのシフトがみられるが，航続距離，価格などまだ十分に普及する体制にはなっていない．

7 話　自動運転がもたらす社会と環境への影響は？

　現在の車社会は，交通事故の多発，車の渋滞による排気ガスの増加，運転が不安な高齢者の増加，タクシー業や配送業における人手不足，都市における駐車場確保の困難などの問題を抱えている．そうした状況を背景に，近年自動運転に関する報道がたびたびなされるようになってきた．危険を察知した自動ブレーキ機能や高速道路で前を走る車と一定の車間距離をながら走るステアリング機能もついた車などが話題になっている．2017 年 12 月には一般道路での実証実験も始まった．

　自動運転には自動化の程度によってレベル 1 からレベル 5 まである．レベル 1 は加速・操舵・制動のいずれか単一をシステムが支援する．レベル 2 はシステムがドライビング環境を観測しながら，加速・操舵・制動のうち同時に複数の操作を行う．ドライバーは常時，運転状況を監視操作する必要がある．レベル 3 は限定的な環境下または交通状況でのみシステムが加速・操舵・制動を行うが，システムが要請したときはドライバーが対応しなければならない．通常時はドライバーは運転から解放されるが，緊急時やシステムが扱いきれない状況下には，ドライバーは適切に応じる必要がある．事故時の責任はドライバーとなる．レベル 4 は高速道路上のみなど特定の状況下のみ加速・操舵・制動の操作をすべてシステムが行い，その条件が続く限りドライバーが全く関与しない．レベル 5 は完全自動の状態である．

　日本政府は 2020 年までにレベル 4 の自動運転車の実用化を，レベル 5 の完全自動化を 2025 年に目指すとしている．多くの自動車メーカーやそのほかの企業が，レベル 5 相当の自動運転車の市販に向けて開発を行っている．世界で最も自動運転技術が進んでいると言われているアメリカのグーグル社は，ステアリングもアクセルもブレーキもない実験車両を試作し，テスト走行を行っている．

　自動運転車はレベル 1 については実用化しているが，レベル 5 の完全自動運転車の実用化も時間の問題だろうと考えられる．初めは，高速道路上の自動運転や駐車場の近くで乗り捨てれば自動的に駐車場に停めてくれるような使い方から始まると予想される．そのうち，どこで乗り捨てても勝手に車だけ帰ってくれるとか，離れた場所から呼べば家から自動的に来てくれるという使い方が一般的になるだろう．高速道路を走る長距離トラックも，宅急便を配達する小型トラックも運転手のいない車両が走り回ることが一般的になるだろう．さらに，クルマは所有するもの

ではなく，必要なときに呼び出して使えばよいという考え方が支配的になると考えられる．現在でもカーシェアリングという方法が普及しつつあるが，その考え方を押し進めると自動運転タクシーが個人にとって一般的な移動手段になると予想される．自動運転タクシーであれば運転手の人件費が要らないし，クルマの稼働率が上がり走行経費も安くなると考えられるからタクシー代が安くなるので，個人はクルマを所有する必要はなくなる．それでも運転するのが好きだからクルマを持ちたいという人もいると思われるが，クルマの保有台数は大幅に減ると予想される．

　クルマの自動運転化が実現した場合のクルマ社会の変化は次のように予想される．まず第 1 は交通事故の激減である．交通事故の原因の 90 ％以上を人間の認知ミス，判断ミス，操作ミスが占めている．これを自動運転化によって大幅に減らせる可能性がある．ただし，自動運転による事故を減らすための法整備やさまざまな施策が必要である．特に，自動運転車は人とのコミュニケーションが苦手なので，その点の対策が必要である．第 2 は交通渋滞の解消である．第 3 は EV の普及による大気汚染と二酸化炭素排出の大幅の改善である．自動運転化は EV をより強く後押しすると考えられる．自動運転化によって無人タクシーが増えてクルマが個人の所有物ではなくなると，クルマ 1 台当たりの稼働率が増え，ランニングコストがより重要になる．そうすると，電気代のほうがガソリン代よりかなり安いので，EV 化がより促進される．第 4 は高齢化社会への対応である．近年公共交通が貧弱になる一方，運転が不安な高齢者が増えているが，無人タクシーが呼べれば便利である．第 5 は物流コストの大幅な低減と人手不足への対応である．今後の日本は人口減少により労働力不足が深刻化することが予想されるが，自動運転化によってその解消と物流コストの大幅な低減が期待できる．第 6 は駐車場の多くは不要になり，土地の有効活用ができることである．第 7 は緊急時や災害時に迅速な対応が可能になることである．交通渋滞や違法駐車などで緊急車両が通れなくなる事態が減ると考えられる．緊急車両が通過する前に車線を広げる対応がしやすいし，大地震などの場合に，車両に乗っている人を一斉に安全な場所に移動できる．

（ま）（と）（め）　　自動運転は自動化のレベルがまだ初歩的な段階にあるが，完全自動化するのは時間の問題であろう．自動運転化によって，交通事故の激減，交通渋滞の解消，大気汚染と二酸化炭素排出の大幅な改善，高齢者の移動手段の確保，物流コストの大幅な低減と人手不足への対応，駐車場が不要になることによる土地の有効活用，緊急時や災害時に迅速な対応が可能になることなどが期待できる．

コラム

電気自動車と日本の部品産業の未来

　2000年代，2010年代はハイブリッド車が伸びてクルマの主流となったが，2020年代以降はEVが伸びてクルマの主流となることが予想される．ガソリン車やハイブリッド車はエンジンを使うので，エンジン，トランスミッション，ガソリンタンク，燃料ポンプ，燃料噴射装置，吸気管と排気管，排気ガス浄化装置，マフラーなどの部品が必要である．これらは構造が複雑で製造ノウハウが必要な要素も多く，日本の部品産業が得意とする分野も多かった．これらの部品はクルマがEVに代わることによって要らなくなる．EVへの移行は一気に進むわけではないが，これらの部品メーカーは対応を迫られる．

　一方，EVの製造には，蓄電池，モーター，制御に関わるインバーター，充電器が必要になる．このうちEVにとって最も重要なのは蓄電池である．航続距離，急速充電の必要性などEVの主要な性能を決めるのが電池である．現状ではどのメーカーもリチウムイオン電池を採用しているが，その性能がカギを握る．EV用電池の日本メーカーのシェアは2012年の時点で70％を超えていたが，中国でのEVの生産が爆発的に増え，EV用電池の中国メーカー品の採用を中国政府が後押ししていることもあって，2015年には中国産が50％以上を占めた．このような傾向は，半導体，液晶パネル，携帯電話など民生用リチウムイオン電池などの分野で当初日本が開発をリードしたが，普及に伴って価格競争に負けて韓国メーカーにトップシェアを奪われた歴史の繰り返しにみえる．EV用電池の分野で，その繰り返しを避ける余地はまだ残っていると考えられる．それは，EV用電池は単なる価格競争の時代ではなく，電池の単位重量当たりまたは単位体積当たりのエネルギー密度がEVの性能を決めるからである．そういう意味で，リチウムイオン電池の改良はもちろんのこと，シリコン系電池や全固体電池など日本が開発をリードしている高性能電池の実用化に期待したい．

　EV用モーター分野では，日本電産が車載用モーター分野に参入することを発表した．同社はハードディスク駆動装置（HDD）用の精密モーターで実績のある会社で，その技術力は高いと考えられる．駆動用モーター，ギア，制御するインバーターをセットにして，2019年に中国で生産を始める予定である．

第 7 章

化石燃料と環境

化石燃料には石炭，石油，天然ガスなどがあるが，それぞれ埋蔵量，価格，使いやすさ，環境への負荷が違う．石炭は埋蔵量が多く価格も安いが環境への負荷が大きい．石油はガソリンなどの各種燃料，合成化学薬品やプラスチックの原料として有用であるが，環境への負荷もある．この章では，石炭，石油，天然ガスについて，発電での使用を中心に，二酸化炭素，SO_x や NO_x 発生比較，発電効率の進歩などを紹介する．

1話　石炭の利用は環境にどのような影響をもたらすか？

　石炭は古代の植物が完全に腐敗分解する前に地中に埋もれ，長い期間地熱や地圧を受けて石炭化した植物化石である．古くは2億8000万年前ごろの石炭紀（ヨーロッパ，北米），新しくは7000～2000万年前の新生代第三紀（ドイツ，北米，日本など）の地層から産出する．現在の地球上では枯れて倒れた樹木は大半がシロアリやキノコなどの菌類や微生物によって分解されるが，古生代ではそれら分解者がそれほど多くなく大量の植物群が分解前に地中に埋没していた．湿地帯では植物の遺体は酸素の少ない水中に沈んで分解されずに残った組織が泥炭となって堆積する．泥炭は年を経るに従って地熱や地圧を受けて，泥炭→褐炭→瀝青炭→無煙炭に変わって行く．木材の成分であるセルロースやリグニンの構成元素は炭素，酸素，水素であるが，石炭化が進むに従って酸素や水素が減って炭素濃度が増え，外観は褐色から黒色に変わって固くなる．炭素の含有量は泥炭の70％以下から順次上昇して無煙炭の炭素濃度は90％以上になる．

　石炭は産業革命以後20世紀初頭まで最重要の蒸気機関用の燃料として，また化学工業や都市ガスの原料として黒いダイヤと呼ばれていた．都市の照明や暖房，調理用に石炭由来の合成ガスが使われた．これは石炭の熱分解から得られたガスで，最初はメタンや水素を主成分とするコークス炉ガスがロンドンのガス灯などに使われた．次にもっと大量に生産できる都市ガスが開発された．灼熱したコークスに水をかけて得られる一酸化炭素と水素からなるガスで，日本の大都市で1970年代まで使用されたが，便利ではあるが毒性が強いため現在では毒性の少ない天然ガスに切り替わっている．

　第一次世界大戦前後から，艦船の燃料が石炭の2倍のエネルギーを持つ石油に切り替わり，第二次大戦後に中東で大量の石油が採掘されると，産業分野でも石油の導入が進み，先進国では採掘条件の悪い坑内掘り炭鉱は廃れた．しかし，1970年代に二度の石油危機で石油がバレル12ドルになると，産業用燃料や発電用燃料は再び石炭に戻り，アメリカ，ドイツ，中国などでは石炭は現在も最も重要なエネルギー源である．ただし，日本では国内炭鉱は復活しなかった．豪州の露天掘りなど，採掘条件の良い海外鉱山で機械化採炭された安価な海外炭に切り替わっていたからである．海上荷動きも原油に次いで石炭と鉄鉱石が多く，30万トンの大型石炭船も就役している．

　ほかの化石燃料である石油や天然ガスに比べて，石炭は燃焼した際の二酸化炭素排出量が多く地球温暖化問題の面からは不利であるが，天然ガスも石油も数十年の埋蔵量しかないのに比べ，石炭は 110 年程度の埋蔵量がある．また，価格が安く，石油と違って政情の安定している国の埋蔵量が多いことも石炭を利用する動機になっている．このような石炭利用の動きは，二酸化炭素の削減を目指す国際的な運動からは問題視されるようになっている．

　19 世紀末から 20 世紀中ごろにかけて，先進各国の都市では工場や家庭で使用する石炭から出る煤煙による公害問題が起きた．石炭による大気汚染事件で歴史上最も顕著なのはロンドンスモッグである．1952 年 12 月にロンドンで発生し，1 万人以上の死者が出て後の公害運動や環境運動に大きな影響を与えた．原因は石炭中に含まれる硫黄が空気中の酸素と反応して硫黄酸化物（SO_x）やススなどを発生することによる．12 月 5 日から 12 月 10 日の間，高気圧がイギリス上空を覆い，冷たい霧がロンドンを覆った．あまりの寒さにロンドン市民は通常より多くの石炭を暖房に使い，火力発電所，ディーゼル車などからも発生した二酸化硫黄（SO_2）などの大気汚染物質は冷たい大気の層に閉じ込められ，滞留し濃縮されて強酸性の硫酸の霧を形成した．猛毒な二酸化硫黄のピーク濃度は，平常時に 0.1 ppm 程度だったものが 0.7 ppm，浮遊ばいじんの量は平常時に 0.2 mg/m^3 だったものが 1.7 mg/m^3 を超えていた．この濃いスモッグは前方が見えず運転ができないほどのもので，特にロンドン東部の工業地帯や港湾地帯では自分の足元も見えないほどの濃さであった．人々は目が痛み，のどや鼻を痛め咳が止まらなくなり，気管支炎，気管支肺炎，心臓病などの重い患者が発生した．

　㋤㋳㋍　　石炭は 20 世紀初頭まで蒸気機関用の燃料として，また化学工業や都市ガスの原料として貴重であった．石油の価格変動が大きいことから，産業用燃料が石炭から石油に切り替わった時期もあったが，その後再び石炭に戻り，中国，アメリカ，ドイツなどでは石炭は現在も重要なエネルギー源である．日本でも多くの輸入石炭を使っている．1952 年には石炭から出る煤煙によるロンドンスモッグ事件が起こり，1 万人以上の死者が出た．

2 話 石炭は環境に良くないのに世界で多く使われている理由は？

　火力発電の燃料の石炭，石油，LNG は同じ炭化水素が主成分である．燃焼時の二酸化炭素排出量は燃料中の水素と炭素の比で決まるが，石炭は最もその比が小さく，化石燃料としては環境に良くない燃料である．化石燃料を燃やした際の二酸化炭素の発生量は，1 kWh の発電に対して石炭が 975 g，石油で 742 g，LNG で 608 g というデータがある．石炭が最も二酸化炭素を大量に放出する．また，燃焼したときの硫黄酸化物（SO_x），窒素酸化物（NO_x），ばいじん（ススや灰分）などの環境負荷物質を多く含む問題点がある．石炭火力では，環境負荷を減らすために脱硫装置，脱硝装置および燃焼技術，集塵装置などが必要となる．日本では石炭を燃料とする設備の公害防止に長く取り組んできた経緯もあってこれらの排出量が世界でも最も低いレベルになっている．

　それにもかかわらず，世界ではエネルギー消費の多くを石炭で賄っている国がある．エネルギー消費の世界 1 位の中国が約 73 %，2 位のアメリカが約 40 % を石炭火力に頼っている．その理由は，石炭は化石燃料の中で最も安価な燃料だからである．石炭は，石油や天然ガスのように世界で資源の偏在性も少ないのが特徴である．資源的に見ると，石油の採掘可能年数が 45 年，LNG が 55 年，石炭は 110 年と使っても当分は枯渇しないことも使用量が多い理由の一つとなっている．

　中国では自国で石炭を産出することもあって石炭の使用率が最も高くなっているが，環境負荷を低減する取り組みが不十分なため，大気中の硫黄酸化物（SO_x），窒素酸化物（NO_x）濃度や PM2.5 など大気中浮遊微粒子の濃度が高く，健康被害を訴える人が増えている問題がある．

　アメリカではトランプ政権が石炭労働者の雇用を守るとして，石炭火力の推進を打ち出している．しかし，アメリカではシェールガスとシェールオイルの生産量が伸びており，石炭火力が経済的に有利であるかには疑問がある．

　ドイツは石炭火力が 43 % を占めている．アメリカ産のシェールガスの影響で石炭価格が下落，欧州にアメリカ産の安価な石炭が大量に輸出され，二酸化炭素排出権の取引価格が下落し，排出権購入費用を加えても石炭火力の価格競争力が増していることから，欧州諸国において石炭火力発電所の設備利用率が向上している．ドイツにおいても，再生可能エネルギーの導入量が着実に伸びているにもかかわらず，石炭火力発電所の稼働増などを要因に，温室効果ガス排出量は増加している．一方，

石炭火力が硫黄酸化物（SO_x），窒素酸化物（NO_x）により地域住民に健康被害をもたらすという懸念，そして，二酸化炭素の排出によって地球温暖化問題を加速させるという理由での反対運動も根強く，石炭火力発電所の新設が困難になっている．

　日本では 1960 年ごろまでは国産の石炭を使った火力発電がほとんどだったが，1980 年ごろまで石油火力が多くなり，その後石油危機後海外の一般炭の輸入が解禁となったことから石炭火力が増えたが，2000 年ごろから LNG も加わって燃料が多様化している．2011 年からは原発の停止が相次いだことから，全体として火力発電の伸びが大きくなっている．石油火力は石炭や LNG に比べてコストが高いので量が減っているが，貯蔵や運搬が LNG や石炭と比べて容易で調達の柔軟性に優れているため，調整用電源に使われている．2015 年現在，国内の石炭火力発電所の建設計画は約 40 件あり，設備容量は原発 17 基分に相当する約 1 700 万 kW に達する．石炭火力はコストが最も安いためベースロード電源としての使い方が想定されている．石炭火力の二酸化炭素排出量は LNG 火力に比べてかなり大きく，計画中の石炭火力がすべて稼働すると，日本の温室効果ガス排出量が長期にわたって増えることが懸念される．

　このような動きを反映して，2017 年 11 月ドイツのボンで開かれた COP23 において，日本は環境 NGO の団体から二つの化石賞を受賞するという不名誉を受けた．1 位は温暖化への歴史的な責任に後ろ向きとして日本を含むすべての先進国に贈られた．2 位の受賞理由は，日本が温室効果ガスを大量に出す石炭火力発電所をアジアやアフリカに積極的に展開することなどをうたった覚書である．環境省は，そうした国際的非難の動向に配慮して，石炭火力発電所の新設を認めない方向になりつつある．

　(ま)(と)(め)　　化石燃料を燃やした際の二酸化炭素の発生量は，1 kWh の発電に対して石炭が 975 g，石油で 742 g，LNG で 608 g と石炭が最も多い．また，石炭は燃焼したときの硫黄酸化物（SO_x），窒素酸化物（NO_x），ススや灰分の環境負荷物質が多い．それでも，中国，アメリカ，ドイツなどがエネルギー消費の多くを石炭で賄っている．その理由は，石炭は化石燃料の中で最も安いからである．日本でも，現在石炭火力発電所の建設計画が相次いでいる．

3話 石油の利用の環境への影響は？

　石油は，炭化水素を主成分として，ほかに少量の硫黄・酸素・窒素などさまざまな物質を含む液状の油である．百万年以上の長期間にわたって厚い土砂の堆積層に埋没した生物遺骸が高温高圧の条件で油母という物質に変わり次いで液体やガスの炭化水素へと変化するという生物由来説が一番有力である．これらは岩盤内の隙間を移動し，貯留層と呼ばれる砂岩や石灰岩など多孔質岩石に捕捉されて，油田を形成する．地下の油田から採掘後，ガス，水分，異物などを大まかに除去した精製前のものを原油という．

　石油の精製は原油を沸点の違いで分けるが，原油の種類によって生産される製品の割合が異なってくる．留分の中でも需要の多いガソリンはより重い油を改質して作ることができる．原油を蒸留して沸点の差により，ガス，ナフサ，灯油，軽油，残留油に分離される．このうちナフサはリフォーミングによりエチレン，プロピレン，ブタジエン，ベンゼンなどのガス成分とガソリン成分に分離される．これらのガス成分はプラスチック，合成繊維，合成ゴム，合成洗剤などの石油化学製品の原料となる．このようにガス，灯油，ガソリン，重油など石油の大半は燃料として使われている．石油は現代文明を代表する重要な物質であるが，膨大な量が消費されており，いずれ枯渇すると危惧されている．

　日本での石油の利用は，火力発電用，家庭やビルなどの熱源として40％，自動車，航空機，船舶などの動力源として40％，プラスチック，ゴム，繊維などの原料として20％使われている．熱源，動力源はいずれも燃料として燃やしていることになり二酸化炭素を排出するので地球温暖化の原因となる．

　石油の利用を中心とする工業化によって，人々は物質的には豊になった．その反面，燃料の燃焼時の排気設備などが不十分であったため，SO_x，NO_x，ススなどが発生し，それらはPM2.5や酸性雨として広域的な大気汚染や森林の汚染を招いた．日本でも，1960年代から1970年代前半にかけて四日市ぜんそくなどの公害病が社会問題になった．原因は二酸化硫黄による大気汚染である．

　また，原油タンカーの座礁や衝突事故などにより世界で大量の油汚染が起きている．油汚染によって，海岸近くに棲む多くの生物に被害が及んでいる．よく油まみれになった水鳥の写真を見かける．水鳥の羽毛は，海に潜っても羽毛が水を含まないように，表面に疎水性の物質があるが，流出油に触れると溶け出す．水鳥は，遊

泳や飛翔が困難になったり，体温の低下によって凍死に至ることもある．海岸や浅瀬に生えている海藻類は流出油の被害を受けやすい．海藻類は，体表あるいは根・仮根から油を取り込むことによって障害を受けたり，葉体の表面が油膜に覆われることによって光合成が阻害されたりする．また，油汚染による漁業被害もあるが，特に養殖への被害は甚大である．

　近年，シェールオイルやオイルサンドなどに代表される非在来型資源が注目を集めている．これまでは採算性の面から開発されてこなかったが，近年の掘削技術の進展や原油価格の高騰により採算が取れるようになって，北米地域を中心に非在来型資源が市場に出回っている．シェールオイルは水平坑井掘削や水圧破砕という技術を応用することで増産が進んだ．水圧破砕法は水圧により人工的に地層に割れ目を作りガスや油を抽出する手法である．地中深くまで坑井を掘り，そこに化学物質含む大量の水を高圧で流し込み，人工的に割れ目を作り，砂などを混ぜた支持剤を割れ目に圧入し，割れ目が自然に閉じようとするのを防ぐ．これを何度も行うことで，ガスや石油の通り道を十分確保し，効率的に採取できるようになる．生産は地下に大量の水，砂，化学物質を圧入する．このとき，汚水とともにメタンも地下に広く浸透し，地下水，井戸水，家庭の水道，水源の河川も汚染される．これは，新たな公害として，社会問題となっている．アメリカ東海岸の採掘現場周辺の居住地では，蛇口に火を近づけると引火し炎が上がったり，水への着色や臭いがするなどの汚染が確認されている．また，アメリカでは 2009 年以降，採掘現場周辺で群発地震が起き，被害が出ている．これは，注水誘発地震とされ，水圧破砕によって地中にある断層が滑りやすくなったためと説明されている．

（ま）（と）（め）　石油はエネルギー源の主力となり，人類の生活を豊かにしたが，環境問題も発生させた．石油を燃やすことによって，二酸化炭素の大量発生，SO_x による中毒，また酸性雨，PM2.5 などの広域汚染が起こっている．また，石油タンカーの事故などによって原油が流失し生態系に悪影響を与えている．シェールガスやオイルは水圧破砕法などの技術によって生産量が急増しているが，地下水の汚染が進み，群発地震も起きている．

4話　天然ガスの利用の環境への影響は？

　天然ガスは地殻内に閉じ込められている可燃性ガスで，メタン，エタンなどの軽い炭化水素を多く含む化石燃料の一つである．天然ガスはガス田に気体状態で埋蔵されている場合と，油田に埋蔵されている石油に溶け込んでいる場合とがある．天然ガスの起源は原油，石炭などの有機堆積物の熱分解や堆積物中の有機物の低温でのバクテリア分解による有機成因説と火山岩体や海底溶岩中にあるマントル中の無機炭素を起源とする無機成因説とがある．

　天然ガスの成分は産地によって異なるが，主成分はメタンでほかにエタン，プロパン，ブタン，ペンタンなどが少量含まれ，ほかに二酸化炭素，硫化水素，窒素，酸素などの不純物を含んでいる．不純物を分離した後，ペンタン以上のガソリン成分とプロパン，ブタンのLPガス成分とを分離して，出荷される．

　天然ガス資源は，ガス田や油田だけでなく，タイトサンドガス，シェールガス，地庄水溶性ガス，メタンハイドレート，バイオマスガスなど多様な形で存在している．これらは非在来型ガスと呼ばれている．シェールガスはアメリカを中心に採掘技術に革新的な進歩があり，その商業生産が大きなインパクトを与えつつある．

　天然ガスの世界における埋蔵量は約181兆 m^3 で，旧ソ連と中東地域とがずば抜けて多く，合わせて73％となっている．次いで，アジア・太平洋8％，アフリカ8％，南アメリカ5％，北アメリカ3％となっている．非在来型ガスの埋蔵量はアメリカを除いて統計がない．

　日本では秋田，新潟，北海道，千葉にガス田があり，天然ガス使用量の約3％を生産している．関東地方だけでも埋蔵量は4 000億 m^3 以上あると推定され，南関東ガス田を形成している．しかし，首都圏の直下にあるため採掘は厳しく規制され，房総半島でわずかに採掘されているのみである．メタンハイドレートも統計がないが，日本周辺の東部南海トラフなどには相当量の埋蔵が推定されている．

　天然ガスの輸送方法には大別して二つある．一つがパイプラインによる気体での輸送で，1930年代からアメリカで行われており，現在ではロシアからヨーロッパへ，北アフリカから南ヨーロッパなどへの天然ガス輸送に使用されている．もう一つがLNGタンカーによる液化天然ガスの輸送で中東や東南アジアから日本などへの輸送に多用されている．

　天然ガスをLNGとして流通させる場合には，メタンの沸点が-161.5℃である

ためそれ以下に冷却して液化してから輸送しなければならない. また, 貯蔵にも冷却を続ける必要があり, その分コストがかかる.

　日本での天然ガス（LNG）の利用は 70 ％が発電用で, 30 ％が都市ガスまたは化学工業用である. 発電用 LNG の利用は, 2011 年以降原発の長期停止が続いていること, LNG 燃料が石炭に比べて二酸化炭素発生量や有害成分が少なく, 環境に優しいことなどを理由に量が拡大している.

　天然ガスは揮発性が高く常温では急速に蒸発する. 主成分のメタンが空気よりも軽いため大気中に拡散するので, 空気より重く低い場所に滞留しやすいプロパンやブタンに比べれば安全性が高い. プロパンと同様, メタンやエタンも無臭で, ガス漏れに気付きやすくするため燃料用ガスでは意図的に匂い成分を混ぜている.

　天然ガスは石炭や石油に比べ, 環境に優しい燃料と言われている. 燃焼時に発生する二酸化炭素の量は石炭の場合を 100 とすると, 石油が 80, 天然ガスは 57 である. また, 硫黄酸化物の発生量は石炭の場合を 100 とすると, 石油が 68, 天然ガスはほとんど 0 である. 窒素酸化物の発生量は石炭の場合を 100 とすると, 石油が 71, 天然ガスは 30 程度である. また, 燃焼時にススを発生しない. これは精製過程で硫黄化合物やばいじんなどを除去するためである.

　天然ガス自動車は大気汚染の原因となる窒素酸化物（NO_x）, 一酸化炭素, 炭化水素の排出量が少なく, 硫黄酸化物（SO_x）や粒子状物質がほとんど出ないことから環境負荷が少ない自動車と言われている. 日本では 2012 年現在圧縮天然ガス（CNG）自動車が 4 万台あまり走っている. 天然ガスは 20 MPa の高圧ガス容器に充填され, 減圧弁で圧力を落とした後エンジンに供給される. LNG 自動車もあるが, まだ試験走行中である.

（ま）（と）（め）　　天然ガスは地殻内に閉じ込められているメタンなどの軽い炭化水素を多く含む化石燃料である. 日本での天然ガスの利用は 70 ％が発電用で, 30 ％が都市ガスまたは化学工業用である. 天然ガスは主成分のメタンが空気よりも軽いため大気中に拡散するので, 低い場所に滞留しやすいプロパンに比べて安全性が高い. 天然ガスは石炭や石油に比べ, 燃焼時に発生する二酸化炭素や窒素酸化物の量が少なく, 硫黄酸化物の発生量はほぼゼロで, 環境に優しい.

5 話 石炭火力発電は環境に良くないか？

　日本では福島第一原発の事故以来原発の停止が長期化し，再稼働も難航している．また原発の新設を見込める状況ではなく，火力発電所の重要性が高まっている．一方で，石炭火力は天然ガス火力に比べて二酸化炭素の排出量が多く，2017 年のCOP23 では日本が石炭火力発電の輸出推進を理由に化石賞という不名誉な賞を受けた．石炭火力発電はどの程度環境に良くないのであろうか？

　環境の視点からは石炭火力を使いたくないが，必ずしもそうは言えない現状もある．エネルギー消費の世界 1 位の中国が約 73 %，2 位のアメリカが約 40 % を石炭火力に頼っている．その理由は，石炭は安価な燃料だからである．石油や天然ガスに比べて石炭が当分は枯渇しないことも石炭を使う理由の一つとなっている．

　日本の石炭火力発電は 1980 年代に重工，鉄鋼，電力の会社が協力したプロジェクトが発足してクロム鋼が開発されたことで，620 ℃の蒸気温度が実現し，世界最高の 43 % の熱効率が達成された．700 ℃以上の蒸気温度を実現するためニッケル基合金の開発が行われている．さらに効率の良い石炭ガス化複合発電（IGCC）の開発がなされている．**図 7-1** に IGCC の装置構成を示す．IGCC では予め石炭を細かく砕いた微粉炭と空気をガス化炉で反応させて燃料ガスを得る．これをガスタービンに送ってガスタービンを回転させ発電機を回す．ガスタービンから出た排熱は排熱回収ボイラーが吸い上げ，蒸気タービンを回し発電する．IGCC では 48 ～ 50 % と高い効率が得られる．SO_x や NO_x の排出量も従来より少なく，従来は使えなかった炭種も使えるように

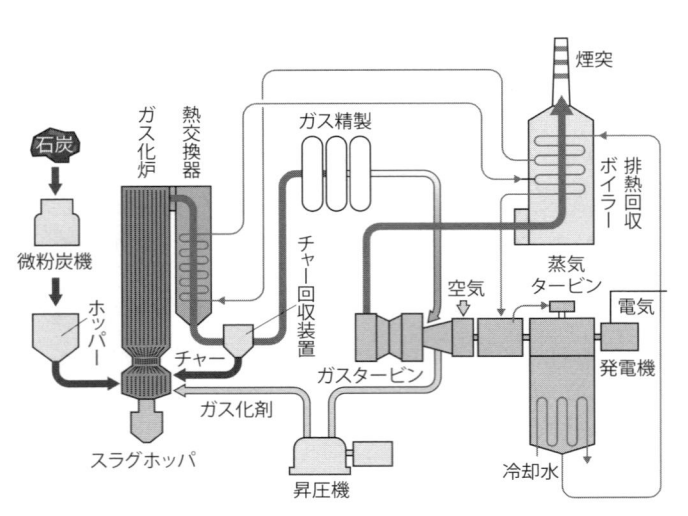

図 7-1　石炭ガス化複合発電の装置構成［出典：電気事業連合会 HP］

なり，石炭の安定調達という意味でもメリットがある．

　石炭火力発電の環境対策として，二酸化炭素の排出に関しては効率を上げて kWh 当たりの排出量を下げるしかない．石炭が燃焼すると SO_x（硫黄酸化物）や NO_x（窒素酸化物），ばいじん（ススや燃えカス）が発生する．SO_x に対しては脱硫装置で対応できるが，NO_x に対しては脱硝装置だけではだめで燃焼技術の開発が必要になる．**表 7-1** に世界の石炭火力発電における 2010 年の SO_x および NO_x の発電量 kWh 当たりの g 数を示している．日本の石炭火力は SO_x や NO_x の排出量は非常に少なく，欧米と比べてもクリーンなレベルを保っている．

　このように石炭火力発電をすべて環境に悪いからだめとするのではなく，その内容を吟味する必要がある．日本には東日本大震災後の原発停止分を補う形で国内に約 40 か所の石炭火力の新増設計画がある．単に石炭火力が安いからという理由であれば新設を認めず，より環境に優しい石炭火力や LNG 火力を使わざるを得ないように誘導すべきであろう．発展途上国向けの輸出も計画しているが，これも環境に優しい点を伸ばせるようにすべきであろう．中国では地球温暖化対策に関するパリ協定を推進する立場で，国内での環境対策に取り組んでいるが，国外には一帯一路構想の下，石炭火力のアジア・アフリカ地域への輸出に熱心である．その地域では電力不足が深刻で，安い中国の石炭火力を歓迎している．日本は石炭火力の輸出では中国と競合するが，協力できる面もある．その地域の電力不足を解消しながら，環境に優しい設備になるように日本が貢献すべきであろう．

表 7-1　石炭火力発電における 2010 年の発電量 kWh 当たりの SO_x と NO_x の排出 g 数
（日本のみ 2012 年のデータ）

	アメリカ	カナダ	イギリス	フランス	ドイツ	イタリア	日本
SO_x	1.7	2.5	0.7	1.6	0.6	0.3	0.2
NO_x	0.7	1.6	0.9	1.6	1.0	0.5	0.2

出典：（海外）OECD.StatExtracts Complete databases，（日本）電気事業連合会

　まとめ　石炭火力発電は LNG 発電と比べて環境負荷が大きい．石炭が燃焼する際の SO_x や NO_x 対策の結果，日本は欧米と比べて SO_x や NO_x の排出量が非常に少ない．日本の石炭火力は耐熱鋼の開発が進み，世界最高の 43 ％の効率である．さらに，IGCC の開発が進み 48 〜 50 ％と高い効率が得られつつある．世界で石炭火力が多く用いられている現状を踏まえ，LNG 発電を推奨しつつ，より環境に優しい石炭火力の開発や普及にも力を尽くすべきであろう．

6話　天然ガス発電はどの程度環境に良いか？

　天然ガスは主成分がメタンなので燃料中の水素／炭素比が高く，排気ガス中の二酸化炭素の比率が低いため，石炭の場合に比べて二酸化炭素の排出が6割程度になっている．さらに日本では天然ガスがほとんどLNGの形で輸入されているので，液化するときに不純物の成分を除くことができる．そのため，燃料中の硫黄や窒素の比率が低く有害ガス濃度が低い．福島第一原発の事故以来原発の稼働率が大きく低下するなか，環境に優しいLNG発電の重要性が大きくなった．

　LNG発電が環境に優しいといっても，二酸化炭素を排出するため，その排出を減らすにはなるべく効率の良い設備にする必要がある．効率の良い設備にするには高温で運転するほど良いことがわかっている．LNG発電はガスタービンを用いて発電される．空気を圧縮機で圧縮し35気圧程度の高圧にし，燃焼器に送って燃料と混合して燃焼させ，高温高圧のガスを送ると急激な膨張が起こってタービンが回転する．ガスタービンエンジンは連続流れのため，常時燃焼器やタービンは高温になる．高温ほど発電効率が良くなるが，高温強度がないと材料が耐えられなくなる．それで，性能向上には耐熱材料の開発が必須となる．日本では発電用耐熱材料の分野では世界をリードしており，発電効率が高くなっている．ガスタービンエンジン用の高温構造材料として，Ni（ニッケル）基などの超合金の開発が進められ，耐用温度の高い合金が次々と開発されてきた．それでガスタービンの入り口温度が1 100 ℃から年々温度が上がって現状では1 600 ℃程度になっている．ガスタービン材質の耐熱温度は900 ℃以下なので，入口温度を高くしつつタービンを冷却する技術が開発されてきた．精密鋳造技術によって動翼および静翼は中空構造の形に製造し，翼に強制的に空気を噴き出して冷却することが可能になった．その結果，ガスタービンの運転温度は最大出力時には1 600 ℃以上に達しても金属部分の温度を低く保つことができる．最近では第3世代と呼ばれる5〜6 ％のRe（レニウム）を含む合金にまで開発は進み，第4世代合金も開発されている．さらなる高温化を目指して，Ni基超合金以外の金属間化合物，高融点金属の合金，セラミックス，さらには各種の複合材料の開発が進められている．

　ガス複合サイクル発電はガスタービンの入り口温度が高いことを最大限利用した方法である．発電用ガスタービンの排熱温度が550 ℃以上あるので，これを排熱回収ボイラーに送って蒸気タービンを回す方法である．ガス複合サイクル発電

の構成図を**図 7-2** に示す．ガス複合サイクル発電では入り口のガス温度によって，1 100 ℃級，1 300 ℃級，1 500 ℃級，1 600 ℃級に分かれている．1 100 ℃級の発電効率は 45 %，1 300 ℃級では 50 %，1 500 ℃級では 52 %，1 600 ℃級では 56 %となる．さらに 1 700 ℃級のガス複合サイクル発電が現在建設中で 2020 年ごろ稼働すると予定され，効率が 59 %と見込まれている．

　LNG 発電が環境に優しいことから年々その寄与が増え，現状では火力発電の約 70 %を占めている．都市部での建設も可能なことから，需要地近くでの立地も可能である．燃料の LNG は船で輸送されることから中東，東南アジア，ロシア，アメリカなど世界各地から輸入されている．最近，アメリカ産のシェールガスも輸入される動きになっている．

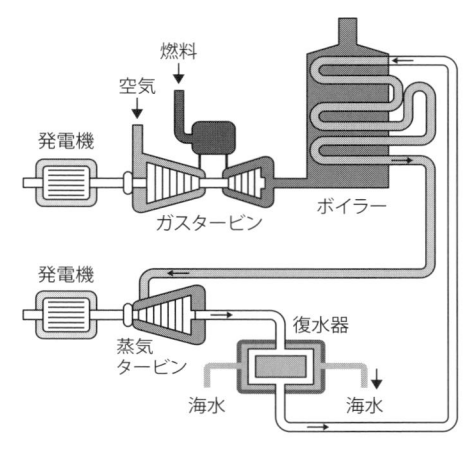

図 7-2　ガス複合サイクル発電の構成図

> （ま）（と）（め）　LNG 発電は燃料中の水素 / 炭素比が高く，石炭の場合に比べて二酸化炭素の排出が 6 割程度である．LNG 発電は液化されているので，燃料中の硫黄や窒素の比率が低く有害ガス濃度が低い. ただ, LNG 発電でも二酸化炭素を排出するので，発電効率が良くないと真に環境に優しいとはいえない．ガスタービン発電の排熱を利用して蒸気タービンを回すガス複合サイクル発電にし，さらに高温での運転が必要になる．1 600 ℃級の複合サイクル発電では発電効率が 56 %となっている．

コラム

自家発電の役割と環境

　2011年の福島第一原発の事故以来，原発の停止が相次ぎ電力の供給不安が生じ，自家発電の役割がクローズアップされた．日本では産業用大口消費者の電力の3割程度が自家発電で，鉄鋼31.7％，化学工業22.7％，紙パルプ12.7％である．病院，放送局，鉄道なども停電に備えて自家発電を採用している．

　自家発電の発電機には，石炭や天然ガスを燃料とする大型のものもあるが，多くはディーゼルエンジンやガスタービンエンジンなどを用いた小型の火力発電である．燃料は，重油や軽油が多いが灯油も用いられる．自家発電は，電力だけではなく，排熱を利用して蒸気や温水など，熱エネルギーも同時に供給する場合もあり，その場合，総合熱効率は60％近くである．

　1995年に部分的に電力の自由化がなされ，卸売電力を供給する独立系発電事業者（IPP）がある．2000年に特定規模電気事業者（PPS）が認められてからは，比較的大きな発電設備を持つ企業が売電事業に乗り出した．

　六本木ヒルズでは，六本木エネルギーサービスが2011年3月の震災直後から，PPSとして東京電力に対して昼間4MW，夜間3MWの電力を売って話題になった．発電は都市ガスを燃料とし，ガスタービンエンジン発電機が6基で能力は合計3万8660kWある．災害時に備えて，灯油で3日間は発電できる．通常は六本木ヒルズ内にある森タワーの住民などに冷暖房用の冷熱，給湯用の温熱を自給している．発電と熱供給を合わせたエネルギー効率は70〜80％と，大規模発電所に劣らない高効率である．排ガスは六本木ヒルズの敷地内にある煙突から排出されるが，三元触媒を使った処理装置により窒素酸化物（NO_x）や硫黄酸化物（SO_x）は基準値の半分以下である．

　自家発電の中には，有害排ガスが少なく総合熱効率が高いものもあるが，中には古い設備で熱効率が悪いものもある．今後は環境に優しい設備が残るものと考えられる．全国の自家発電設備の定格出力合計は60GWで，東電1社分とほぼ同規模である．このうち汽力発電が35.7GWで，化石燃料を用いる．自家発電の中には，水力発電4.3GW，風力発電が2.2GWある．企業や自治体では安い電力を得るため，PPSからの購入を検討している．ただ，PPSの電力供給能力には限りがある．2016年4月に電力の自由化が実現し，2020年4月に送配電分離が行われる．これによって，PPSの参入業者が増え，自家発電の供給能力が増えるものと考えられる．

第 8 章

新エネルギーと環境

化石燃料が環境への負荷が大きいので，環境への負荷が小さい新エネルギーが存在感を増しつつある．太陽光発電と風力発電は，発電中は二酸化炭素を発生しない発電方式として世界で使用が拡大しているが，天候などにより出力電力が不安定でコストの問題もある．この章では，地熱発電，燃料電池発電，バイオマス，海洋エネルギー発電についても，その原理と発電方法，新エネルギーとしての位置づけなどを紹介する．

1 話　太陽光発電の仕組みと環境への影響は？

　太陽光発電は，太陽光線をシリコンなどの半導体で構成した太陽電池に吸収させ，光エネルギーを直接電気エネルギーとして取り出すシステムである.

　太陽電池の原理についてシリコン半導体の場合を**図 8-1** に示す．太陽電池は，光が当たると負の電荷が発生する N 型シリコンと正の電荷が発生する P 型シリコンとを接合して電極を取り付けたものである．太陽電池に光が当たると，電子は−電極に正孔は＋電極に移動し，両極間に電圧が発生する．**図 8-1** の負荷と書いてあるところに電球などを取り付けると，電流が流れるという仕組みである.

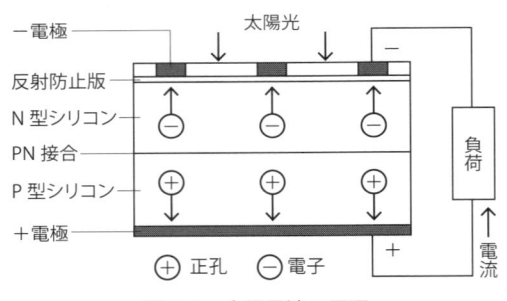

図 8-1　太陽電池の原理

　図 8-1 で示した太陽電池の単体の素子はセル（cell）と呼ばれる．発電パネルは，セル，モジュール，アレイから構成される．一つのセルの出力電圧は通常 0.5 〜 1.0 V である．セルを直列接続し，樹脂や強化ガラス，金属枠で保護したものをモジュールまたはパネルと呼ぶ．モジュール化により取り扱いや設置が容易になり，湿気や汚れ，紫外線や応力からセルを保護する．モジュールの重量は通常，屋根瓦の 1/4 程度である．モジュールを複数枚並べて直列接続したものをさらに並列接続したものをアレイと呼ぶ.

　太陽光発電モジュールで発電された電気は直流なので，家庭用に用いるためにパワーコンディショナで通常 100 V の交流電圧に変換される．交流電源は分電盤を通して家庭用に使われるが，余った場合は電力会社に逆送し買い取ってもらう．夜間など発電が需要に満たない場合は，電力会社の電気を使う.

　太陽光発電システムには大部分の製品が稼働できると推測される期待寿命と，

メーカーが性能を保証する保証期間がある．屋外用大型モジュールの場合，期待寿命は 20 〜 30 年と考えられている．太陽光発電は大きな設置面積を必要とするものの，設置場所を選ばない．日本においても，導入可能な設備量は 100 〜 200 GWp（ピーク時発電ワット数）程度とされ，その発電量は日本の年間総発電量の 10 〜 20 ％に相当する．

太陽光発電は設備の製造時などに際してある程度の二酸化炭素ガスの排出を伴うが，運転中はまったく排出しない．太陽光発電の導入は環境の改善に効果があるが，その普及のためにはコストの低下が必要である．発電当たりのコストの低下には，発電効率を高くすること，低価格化，施工技術の向上が必要である．

太陽光発電の効率は，現在主力のシリコン系ではモジュールベースで 16 ％程度（単セルでは 25 ％程度）である．この効率の大幅な引き上げが必要であるが，シリコンは可視光線の中の 1 波長の光しか利用できず，原理的に 30 ％以上の効率にはできない．これを 25 ％程度にする開発が進行している．さらに，効率を 50 ％以上にする可能性のある方式の開発がいくつか進行している．例えば，モノリシック構造多接合では，III-V 族化合物半導体を用いた複数の層を垂直方向に接合することで，可視光線の中の全波長領域および近紫外と近赤外領域を利用して変換効率を高める技術である．

太陽光発電装置は導入時の初期費用が高額となるが，性能向上と低価格化や施工技術の普及も進み，運用と保守の経費は安価であるため，世界的に需要が拡大している．コストは変換効率が向上すれば低下するが，寿命の向上，はんだによる接続，パワーコンディショナなどの周辺技術などが進化すれば下がる．そのためには，周辺技術の向上も必要である．

> （ま）（と）（め）　太陽光発電は，太陽光をシリコンなどの半導体の太陽電池に吸収させ，光エネルギーを電気エネルギーとして取り出すシステムである．太陽電池の単体の素子セルの出力電圧は 1V 以下だが，セルを直列および並列に接続して高電圧・高電流を得て，通常 100V の交流電圧に変換される．太陽光発電は運転中に二酸化炭素をまったく排出しない．太陽光発電の導入は環境の改善に効果があるが，その普及のためにはコストの低下が必要である．

2話 風力発電の仕組みと環境への影響は？

風力発電は風の力を利用した発電方式である．**図 8-2** に装置の図を示すように，風がブレードと呼ばれる羽の部分に当たると，ブレードが回転し動力伝達軸を通じてナセルと呼ばれる装置の中に伝わる．ナセルでは，増速機という機械がギアを使って回転速度を速める．その回転を発電機で電気に変換する．

風力発電は世界的に実用化が進んでおり，2010 年は世界の電力需要量の 2.3 %，2020 年には 4.5 ～ 11.5 ％に達すると言われている．2010 年末の風力発電の累計導入量は 194 GW に達し，中国が 42 GW，アメリカ，ドイツ，スペインと続いている．日本では，2.4 GW で世界で 18 番目と大きく出遅れている．欧州での導入が先行し，最近中国などのアジアで伸びが顕著である．政策的には，欧州のほとんどの国が固定価格買い取り制度を軸として普及を進めている．最も進んでいるデンマークでは既に国全体の電力の 2 割以上が風力発電によって賄われ，2025 年には 5 割以上に増やす予定である．日本の陸上での導入量は，2050 年までに 25 GW の予定である．洋上発電まで考慮すれば，合計 81 GW 程度まで利用可能と言われている．

風力発電の出力は風を受ける面積に比例し，風速の 3 乗に比例する．したがって，風の強いところでの立地が望まれるが，風が強すぎると風車が壊れる．上空ほど風が強いので丘などに立地される．2 000 kW 発電用の風車の場合，ブレードの直径が 70 m，高さが 120 m になる．風力発電は燃料を使わないので環境に優しく，小規模分散型の電源であるため，離島などの地域の電源として活用でき，事故や災害などの影響を最小限に抑え，修理やメンテナンスに要する期間を短くできる長所がある．短所は，出力電力の不安定・不確実性と，低周波振動や騒音による健康被害など周辺の環境への悪影響の問題がある．風車のブレードに鳥が巻き込まれて死傷する問題や景観が

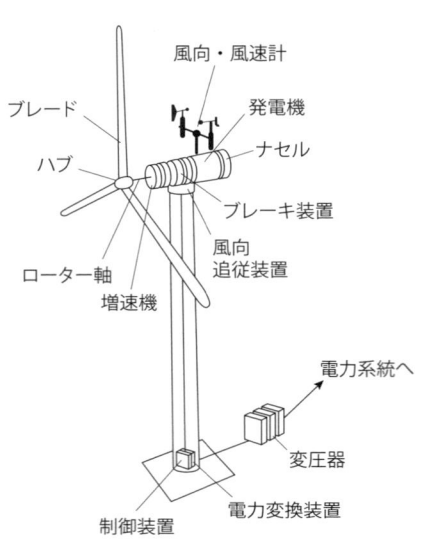

図 8-2 風力発電装置

威圧的で観光客が減少する可能性が指摘されている．落雷，地震，強風などで風車が故障する場合がある．2003 年 9 月の台風では，宮古島にあった 7 基の風力発電機が壊滅した．最大瞬間風速が秒速 74m に達し，国際規格の最高の規定値（秒速 70 m）を超えたためである．

　日本国内での風力発電（出力 10 kW 以上）の累計導入量は 2007 年 3 月時点で約 1 400 基，総設備容量は約 168 万 kW である．1 基当たりの出力では，2007 年度では設備容量 1 MW 以上の機種が大部分を占める．風力発電の立地には，台風などの被害が少ないが一定の風力が見込める地域，特に北海道や東北などが適している．ただ，北海道などには風力発電の立地に適した場所が多いが，そうした場所は住民が少なく送電の費用が多くかかるという問題点がある．

　陸上の風力発電の問題点を克服するために，洋上風力発電が登場した．洋上では風向きや風力が安定しているので，安定した風力発電が可能となり，立地確保，景観，騒音の問題も緩和できる．水深が浅い海域において海底に基礎を建て，大規模な洋上発電所を建設する例が各国で見られる．デンマークを中心に建設が進み，近年になって欧州全域に広がっている．水深が深い場所のために，浮体式の基礎を用いる方式も検討中である．浮体式洋上風力発電を実用化するため，環境省は日本初の実証実験を長崎県五島市の椛島沖で計画している．まず，100 kW 以下の試験機を設置して各種の調査を行い，2 MW 級の実証機の開発を目指している．年平均風速は秒速 7.0 m（高度 70 m）で，十分な事業可能性があるとされている．

　現時点でも，風力発電は 100 kW クラス以上であれば，火力発電などと比較したコストが同程度で，今後さらにコスト的に優位になる可能性がある．

⓶⓪⓶　風力発電は風によりブレードが回転し動力伝達軸を通じて発電機で電気に変換する．出力は風速の 3 乗に比例するが，風が強すぎると風車が壊れる．燃料を使わないので環境に優しく小規模分散型の電源である．一方，出力電力の不安定・不確実性と，低周波振動や騒音による健康被害など周辺の環境への悪影響の問題がある．

3話　地熱発電の仕組みと環境への影響は？

　地熱発電は，地熱による天然の水蒸気をボーリングによって取り出し，蒸気ター
ビンを回して電気を得る再生可能エネルギーの一つである．地熱発電は，探査や開
発に比較的長期間を要するリスクがある．しかし，出力が不安定な太陽光発電や風
力発電とは違い，地熱発電は安定して発電できる特長がある．

　地熱地帯では地下数 km に約 1 000 ℃のマグマ溜りがある．地中に浸透した雨
水がマグマ溜りで加熱されて，地熱貯留層を形成する．地熱流体をボーリングによっ
て噴出させ，高温・高圧水蒸気を得て，蒸気タービンを回し発電する．

　地熱発電では，ドライスチーム，フラッシュサイクル，バイナリーサイクルの三
つの方式がある．ドライスチーム方式では，蒸気井から得られた蒸気がほとんど熱
水を含まない場合で，簡単な湿分除去を行うだけで蒸気タービンに送って発電でき
る．松川地熱発電所や八丈島発電所などがある．フラッシュサイクル方式では，蒸
気に多くの熱水が含まれるため，蒸気タービンに送る前に汽水分離器で蒸気のみを
取り出す．これが，日本では主流の方式である．バイナリーサイクル方式では，地
下の温度や圧力が低く 100 ℃以下の熱水しか得られない場合で，ペンタンなど水
よりも低沸点の媒体を熱水で沸騰させタービンを回して発電する．地熱流体から熱
だけを利用して流体は地下に還流するため，地下貯留層への影響が少ない．発電
設備 1 基の能力は 2 000 kW で，コンビニ程度の敷地内に発電設備が設置できる．
図 8-3 に地熱発電の仕組みを示す．

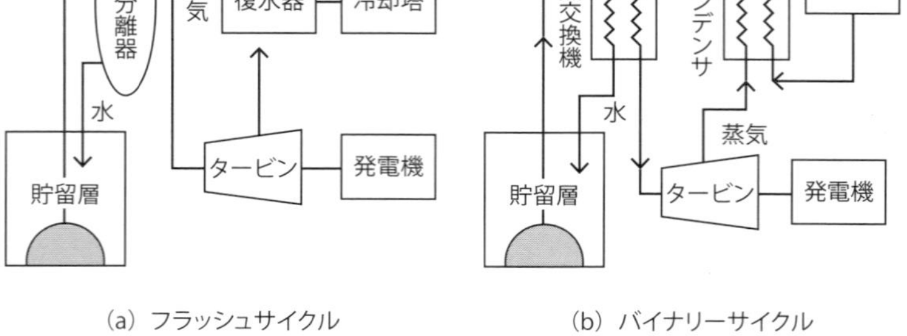

（a）フラッシュサイクル　　　　　（b）バイナリーサイクル

図 8-3　地熱発電の仕組み

　地熱発電では，発電量当たりの二酸化炭素排出量が小さいのが特徴で，原子力発電の排出量 20 g/ kWh に比べても 13 g/ kWh と少ない．地熱発電は，原理的に燃料を使用せず，天候や昼夜を問わず安定した発電ができるのが強みである．長期間の運転が可能でかつ事故の危険性も少ないとされている．

　地熱発電では，温泉が出なくなるとの懸念から温泉地での反対運動が起こることがある．温泉発電は，高温すぎる温泉（例えば 70 ～ 120 ℃）の熱を 50 ℃程度に下げる際，余剰の熱エネルギーを利用して発電する方式である．熱交換にはバイナリーサイクル式が採用され，熱媒体にペンタンなどが使われる．発電能力は小さいが，占有面積が小さく熱水の熱交換を利用するだけなので，既存の温泉の湯温調節設備として利用すれば，源泉の枯渇，有毒物による汚染，熱汚染などの問題がない．地熱発電ができない温泉地でも適応できる．

　地熱発電のコストは近年になって費用対効果も向上しており，火力や原子力と十分競争可能となってきている．ただ，2013 年度の買取価格の 26 円 / kWh（出力 15 MW 以上）はまずまずとしても，将来予測される 40 円 / kWh（出力 15 MW 未満）はまだ需要者にとって高いものになる．

　地熱発電推進のネックの一つが，地熱発電の候補地の多くが国立公園や国定公園内にあることである．福島第一原発事故により代替エネルギー開発が喫緊の課題となったことを受け，国立公園や国定公園の中でも環境保全が特に必要な特別地区での開発は認めないが，それ以外の地区では，地域外から地下に掘り進む「斜め掘り」など景観や生態系保護に配慮することを条件に，地熱資源利用を認めるとのことである．

　将来的には，地下深くにある高温の岩体を利用する高温岩体発電も有力である．地下に高温の岩体が存在する箇所を水圧破砕し，水を送り込んで蒸気や熱水を得ることができる．既存の温水資源を利用せず温泉などとも競合しにくい技術とされ，38 GW 以上に及ぶ資源量が日本国内で利用可能と見られている．2000 年から実証実験が行われ発電もされたが，問題はコストである．

ま と め　　地熱発電は，地熱による天然の水蒸気をボーリングによって取り出し，蒸気タービンを回して電気を得る方法である．蒸気を直接用いる場合と，低沸点の媒体を熱水で沸騰させる方法などがある．地熱発電は，探査や開発に比較的長期間を要するが，原発に比べても二酸化炭素の排出量が少ない．出力が不安定な太陽光発電や風力発電と違い，地熱発電は安定して発電できる．

4話　バイオマスの仕組みと環境への影響は？

　バイオマスとは，ある空間に存在する生物，特に植物の量を，物質の量として表現したもので，生物由来の資源を指すこともある．バイオマスは有機物であるため，燃焼させると二酸化炭素が排出される．しかし，これに含まれる炭素はそのバイオマスが成長過程で光合成により大気中から吸収した二酸化炭素に由来する．そのため，バイオマスを燃焼させても全体としては二酸化炭素量を増加させていないと考えられるので，カーボンニュートラルと呼ぶ．

　日本では，地方自治体や環境保護団体などがバイオマスに注目している．そもそも日本では，落葉や家畜の糞尿を肥料として利用していたし，里山から得られる薪炭がエネルギーとして活用されてきた．近年，各電力会社が火力発電所での石炭と間伐材などとの混焼を進めている．バイオマスの分類を**表 8-1** に示す．農林水産系からの畜産廃棄物，木材，藁，籾殻，工芸作物などの有機物からのエネルギーの利用や生分解性プラスチックなどの生産，産業や生活から発生する廃棄物，副産物の活用が進められている．家畜の糞尿などからのメタンの精製（バイオガス），生物起源の可燃廃棄物などの利用，下水汚泥・木質・食品残渣・茶かす・わら屑などの燃焼ガスへの利用，木質バイオマス発電，製紙パルプ製造工程での黒液のバイオマス発電，木質バイオマスのガス化による水素，合成ガス，メタノールの生成などが考えられている．

　バイオマス燃料の一つがバイオエタノールである．植物由来の資源を発酵させて抽出するエタノールで，原料はサトウキビ，トウモロコシが有名であるが，イネ，木質廃材，廃食用油なども利用できる．イネを使う場合は，イネの休耕田と耕作放棄地に多収米を栽培してバイオエタノールにすれば休耕田の有効利用にもなるし，バイオマス燃料の増産にもなる．バイオエタノールは，ガソリンと混ぜて混合燃料

表 8-1　バイオマスの分類

		農業	稲藁，麦藁，籾殻
廃棄物系	農林水産系	畜産	家畜糞尿
		林業	間伐材，被害木，おが屑
	廃棄物	産業	下水汚泥，建築廃材，黒液，食品廃材
		生活	生ゴミ，廃油
栽培作物系	サトウキビ，トウモロコシ，小麦，イネ，海藻		

として用いるのが一般的である. バイオエタノールの自動車燃料としての混合率は, 日本では 2 %, アメリカでは 10 %, ブラジルでは 25 % が上限となっている. バイオエタノール混合燃料の原料となるサトウキビ, トウモロコシ, 小麦などは食料源でもあり家畜の飼料でもある. それらの食料源を大量にバイオエタノールの原料として使ったために, 世界的に食料の価格が急上昇するという問題が発生した. 自動車燃料化などの課題としては, 収集コスト, 発生熱量, 食料とのトレードオフ, 耕地の確保, 加工コストなどがある.

　バイオマス関連市場は, 2010 年の約 300 億円から 10 年後には 2 600 億円に増えるとの試算がある. 政府は, バイオマスを総合的に有効利用するシステムを構想し, 実現に向けて取り組む市町村を「バイオマスタウン」と命名し, 2011 年 4 月現在 318 地区を指定した. また, 東日本大震災によって生じたがれき（主に木材）を燃料に使う「木質バイオマス発電」の普及に乗り出している. 森林バイオマスでも, ヤナギやポプラなど成長の早い植物を植え, これを刈り取って燃料にする試みも始まっている. バイオマスの利用は環境に優しいとして期待が大きいが, 大規模で行うのが困難な場合が多く, コスト競争力が弱く, アイデアが多くあっても実用化している例が少ない.

（ま）（と）（め）　バイオマスとは, ある空間に存在する生物の量を, 物質の量として表現したもので, 生物由来の資源を指すこともある. 家畜の糞尿, 生物起源の可燃廃棄物, 下水汚泥・木質・食品残渣・茶かす・わら屑などの燃焼ガスの利用, 木質バイオマス発電, 製紙パルプの黒液のバイオマス発電, 木質バイオマスのガス化, メタノールの生成などが開発途上にある. バイオマスは環境に優しいとして期待が大きいが, コスト面の制約で実用例が少ない.

5話　燃料電池発電の仕組みと環境への影響は？

　燃料電池は水素や天然ガスなどを燃料として空気中の酸素と反応させて水蒸気を
生成させ，そのときに発生する電気を得る装置である．燃料電池は水素を補充し続
けることで，二酸化炭素を排出せずに永続的に発電を行うことができる．

　燃料電池発電を商品化した例として，ガス会社が天然ガスを燃料とする家庭用の
エネファームがある．出力は $0.25 \sim 0.75$ kW で，まだ価格が高い．燃料電池発電
は家庭用に普及しはじめているが，原理的には単電池セルをいくつも積み重ねれば
高電圧高電流を取り出せるので，中規模や大規模の発電もできる．

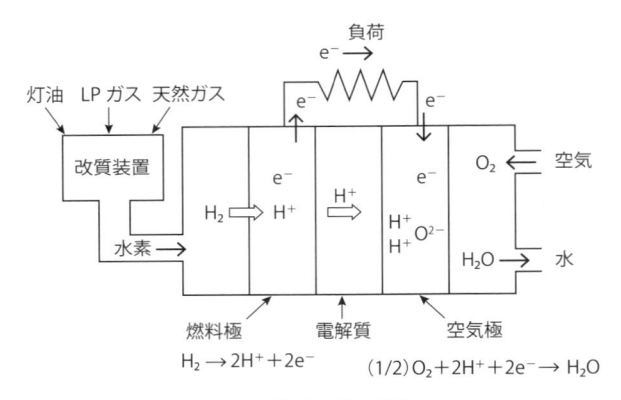

図 8-4　燃料電池の仕組み

　燃料電池において，水素を反応させ電気を取り出す仕組みの例を**図 8-4** に示す．
燃料極では，水素が H^+ として溶け込み，e^- は発生した電子で導線を通って空気
極側に移動する．水素イオンは電解質の中を通って空気極側に移動する．空気極で
は空気中の酸素が導線を通ってきた電子を受け取って O^{2-} として溶け込み，O^{2-} が
電解質の中を移動してきた H^+ と反応して水が生成する．全体としては，水素を酸
化して水を生成する反応が進行し，水の電気分解の逆の反応である．燃料には水素
だけでなく，天然ガス（都市ガス），プロパンガス（LP ガス），灯油などを用いる
ことができる．その場合には，**図 8-4** にあるように，改質装置を通して二酸化炭
素と水素を得て，水素だけを燃料極に導入する．

　燃料電池は，用いる電解質の種類により，高分子型（PEFC），リン酸塩型（PAFC），

溶融炭酸塩型（MCFC），固体電解質型（SOFC）がある．運転温度が，高分子型で80 〜 100 ℃，リン酸塩型で190 〜 200 ℃，溶融炭酸塩型で600 〜 700 ℃，固体電解質型で800 〜 1 000 ℃で，温度が高いほど発電効率は高い．溶融炭酸塩型と固体電解質型では，作動温度が高いので，排熱を利用してさらに蒸気タービンを回して複合発電し，総合発電効率をさらに高く（80 ％以上）できる．燃料電池発電では，システム規模の大小にあまり影響されず，騒音や振動も少ない．燃料電池による発電は，ノートパソコン，携帯電話などの携帯機器から，自動車，鉄道，民生用・産業用コジェネレーション発電所に至るまで多様な用途・規模をカバーするエネルギー源として期待されている．

　高分子型は，イオン交換膜を挟んで正極に酸化剤を，負極に燃料を供給して発電する．起動が早く運転温度が低く，実用化が最も進んでいるが，発電効率が低いため，小型用となっている．白金触媒の使用量を減らすこと，電解質のフッ素系イオン交換樹脂の耐久性とコストの低下が今後の課題である．トヨタが水素を燃料とした高分子型の燃料電池車 MIRAI の発売を発表したが，量産は 2019 年になる見込みである．

　固体酸化物型は動作温度が 800 〜 1 000 ℃なので，起動・停止時間が長く，高耐熱材料が必要となる．電解質として，酸素イオンの伝導性が高い安定化ジルコニアなどのイオン伝導性セラミックスを用いる．

　燃料電池発電は運転中に二酸化炭素を排出しないので環境に優しいと言われるが，燃料の水素を化石燃料から得るのでは必ずしも環境に優しいとはいえない．もし，風力発電や太陽光発電で得た電気を使って水を電気分解し，そこから得られる水素を使って燃料電池発電を行えば二酸化炭素をほとんど排出しない．将来，電力のスマートグリッド化が実現した場合，燃料電池発電は分散型電源として風力や太陽光発電の不安定な面を補う作用が期待できる．

（ま）（と）（め）　燃料電池は水素などを燃料として空気中の酸素と反応させる発電装置である．高分子型，リン酸塩型，溶融炭酸塩型，固体電解質型がある．ノートパソコン，携帯電話などの携帯機器から，自動車，鉄道，民生用・産業用コジェネレーション発電に至るまで多様な用途と規模をカバーするエネルギー源と期待されている．現状では，燃料電池発電は燃料の水素を化石燃料から得ているが，風力や太陽光発電由来の水素を使えば環境に優しくなる．

6 話　海洋エネルギー発電の仕組みと環境への影響は？

　海洋エネルギーを利用した発電には，波力発電，潮流発電，潮汐発電，海洋温度差発電がある．いずれも自然エネルギーを利用するので環境に優しい．

　波力発電は，海岸で波が寄せては返す波の力で電気を作る．波力発電は波が上下する力で空気の流れを作り，この空気の流れでタービンを回す．波打ち際に波を半分覆うようにチャンバーを設けて波の上方にある空気を閉じ込める．波の寄せ引きによって空気が圧縮されたり膨張されたりするが，空気の流れに関わらず一定の方向に回転するような羽根がついたウエルズタービンを回し，発電する．2000 年にスコットランドの島に導入され 500 kW の商用発電が実現している．波の荒れることの多い日本海では有望な発電方法である．短所は，海上から陸上の変電所まで電気を送る必要がある，海洋生物への影響がある，まだ費用が高いなどである．

　潮流発電は，潮流のエネルギーをタービンの回転運動に変え，発電機を回して発電する．日本近海には，黒潮という非常に流速が速く，流量の大きい海流がある．平均流速が大きい海流中に大きな海洋構造物を設置するのは困難であるが，近年北海油田のリグのように海洋建造物の進歩により，技術環境が整いつつある．潮流発電のエネルギーは，流れの速い「海峡」と呼ばれるところが有利である．国内では，瀬戸内海と九州を中心にいくつかの実験が行われている．発電サイトが陸地から離れているため，電力の輸送には海底送電ケーブルや，電力を水素などに変換して輸送する方法も検討されている．また，日本近海の主要潮流のエネルギーの合計は，電力中央研究所の計算によると，年間発生電力量は 60 TWh と試算されている．

　潮汐発電は，天体の運行（月の引力）によって生じる干満の潮差を利用して発電するもので，低落差の水力発電とみなせる．日本では，潮位の差が少ないため経済性に難点がある．フランスではランス発電所が 10 MW の発電機を 24 台備え，1967 年から商業用として稼働している．イギリスのセバーンは狭い河口にあり，潮汐差は 15.5 m にもなるので，発電容量 8 000 MW の発電所が計画中である．

　海洋温度差発電は，太陽熱で温まった海の表面水と，冷たい深海水の温度差を利用する発電方式である．日本周辺や熱帯・亜熱帯地域の海洋における海水の温度は，海表レベルで 20 〜 30 ℃，約 700 メートルの深海では 2 〜 7 ℃で，作動流体（アンモニアと水の混合体など）をポンプで汲み上げた温海水で気化し，タービンを回転した後，ポンプで汲み上げた冷海水で凝縮させて発電する方式と温水そのものを

気化発電する方式とがある．海洋温度差発電は，天候などの環境に左右されにくく，年間を通じて安定した発電が可能である．実用化されればベース電源として用いることができる．発電所の設置には条件があり，実用化には 20 ℃程度の温度差が必要である．日本での適地は沖縄や小笠原諸島などで，本州付近で実用化するには工場での温排水などを活用する必要がある．佐賀大学の海洋エネルギー研究センターが 30 kW 級実験プラントを佐賀県伊万里市で稼働中である．沖縄の久米島では 2013 年初頭に 100 kW 級の発電プラントを設置し，商用化に向けた実証試験を開始すると公表した．1 年間の連続運転を行い，実際の発電能力や稼働率を検証し実用化への課題を探るとしている．NEDO（新エネルギー・産業技術総合開発機構）の目標では 10 MW 級の商用プラントを 2020 年に運用することを目指し，発電コストの目標を 15 〜 25 円 / kWh としている．

　発電ばかりでなく，栄養塩を利用した海洋生物生産性の向上，低温性を利用した海水淡水化などを有効利用すれば総合コストが下がる可能性がある．海洋温度差発電では深層水を汲み上げるのでこれを関連産業で使える．深層水は人間の排水で汚染された河川水の影響を受けないため清浄であるし，栄養塩が豊富である．深層水を利用した養殖への利用，飲料水，健康食品，化粧品などがある．

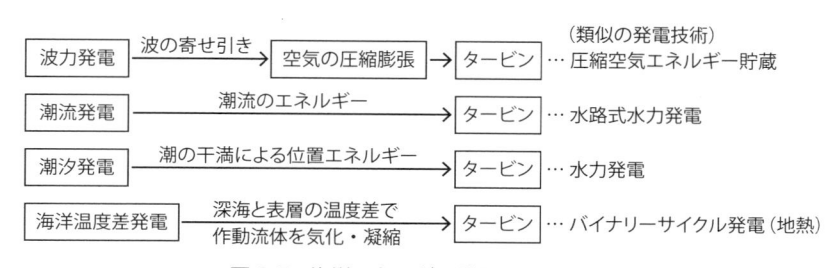

図 8-5　海洋エネルギー発電の原理

> （ま）（と）（め）　波力発電は波が上下する力で空気の流れを作り，この空気の流れでタービンを回し発電する．潮流発電は潮流のエネルギーをタービンの回転運動に変え発電機を回す．潮汐発電は干満の潮差を利用して発電する．海洋温度差発電は太陽熱で温まった海の表面水と冷たい深海水の温度差を利用する．アンモニアなどの作動流体を温海水で気化しタービンを回転させて発電する．いずれも自然エネルギーの利用なので環境に優しいが，日本では試験段階で実用化途上である．

コラム

電気エネルギーの貯蔵と環境

風力発電や太陽光発電は環境に優しい再生可能エネルギーであるが，天候など
に左右されやすく安定した出力が得られない．発電量が少ないのも問題であるが，
発電量が多すぎても逆流する電力が多過ぎると電力システムに障害が発生する．
電気エネルギーを貯蔵することができれば，風力発電や太陽光発電などの再生可
能エネルギーの利用促進につながり，環境に優しい社会に貢献することができる．
一般に電力をそのままの形で貯蔵することはできないが，電気エネルギーを別の
形で貯蔵することはできる．

電気エネルギーを利用して水を電気分解すれば，水素の形でエネルギーを貯蔵
することができる．固体高分子形燃料電池（PEFC）に用いられる固体高分子電
解質膜の陽イオン交換膜を用いて水の電気分解において水素が 82 ％以上の高い
効率で得られている．水素を用いて需要地において燃料電池発電を行えば，送電
の負担を軽減した形で電力を供給できる．

NAS 電池は，大規模の電力貯蔵用として日本で開発されたものである．出力変
動の大きな発電と組み合わせ出力を安定化させたり，昼夜の負荷平準などに用い
られている．NAS 電池の使い方としては，電力料金が割安な夜間に充電し，電力
料金が高い昼間に放電して電力負荷の平準化と電力料金の節減を図る．これまで
に全国で約 50 か所，34 000 kW 程度の設置実績がある．

NAS 電池は，負極に液体ナトリウム，正極に液体硫黄を使い，電解質としてナ
トリウムイオンを通す β-アルミナを使った化学電池で，300 ℃程度の高温で動
作する．液体ナトリウムと液体硫黄が β - アルミナのセラミックスで隔てられた
構造になっており，間をナトリウムイオンが移動することで，充電と放電が可能
になる．

NAS 電池は従来の鉛蓄電池に比べて体積・質量が 3 分の 1 程度とコンパクト
なため，揚水発電と同様の機能を都市部などの需要地の近辺に設置できる．また
構成材料が資源的に豊富かつ長寿命で自己放電が少なく充放電の効率も高く量産
によるコストダウンも期待できるメリットがある．ただし，充放電特性が 6 〜 7
時間と比較的長い時間で設計されていて，現状では，一定期間内に満充電リセッ
トの必要がある．

第 9 章

原子力発電と環境

日本の原発は，火力発電と同じ原理で水を加熱して水蒸気を発生させタービンを回して発電する軽水炉である．東日本を襲った地震と大津波によって福島第一原発の電源が失われ，核反応が継続して炉内は高温になり，水素爆発が起きた．建屋は吹き飛び，大量の放射性物質が大気中に放出された．この章では，放射線の人体への影響，土壌汚染，海洋汚染，福島第一原発の廃炉，使用済み核燃料の問題についても紹介する．

1 話　原子力発電の仕組みは？

　日本の原発は，火力発電と同じ原理で水を加熱して水蒸気を発生させ，その水蒸気でタービンを回して発電されている．火力発電では熱源に化石燃料を使うのに対し，原発では核燃料（酸化ウラン）を使う点が違うだけである．天然に存在するウランには，核分裂をするウラン 235（質量数）が約 0.7 ％含まれ，残りは核分裂をしないウラン 238（質量数）である．原発の核燃料に用いられるウラン燃料は，核分裂をするウラン 235 の割合を 3 〜 4.5 ％にまで濃縮している．そうしないと核反応が継続して起こらないからである．

　ウラン 235 に中性子 n（質量数 1）が衝突すると，ウラン 236 が生成する．ウラン 236 は非常に不安定な核なのでいろいろな核分裂反応が起き，膨大な熱を発生し，いろいろな核種が生成する．核分裂する際にはウランの質量数 236 が保存されるように分裂する（例えば，Sr90，Xe144 と中性子 2 個）ので比較的重い核種が生成する．放射能の観点から特に重要な核種は，ヨウ素 131 とセシウム 137 である．

　また，これらの核分裂反応の結果生成する中性子が核燃料中に 95 ％以上含まれるウラン 238 に衝突してウラン 239 が生成し，ベータ崩壊を繰り返してプルトニウム 239 に変わる．プルトニウム 239 は，核分裂の連鎖反応を起こして熱エネルギーを発生する．したがって，ウラン燃料を用いる原発においてもウラン 235 の核分裂だけでなく，プルトニウム 239 の核分裂で発生する熱を利用して発電を行なっていることになる．原発による発電量の約 30 ％はプルトニウム 239 の核分裂による．プルトニウムは半減期が非常に長く非常に強い放射線を出すとともに，核兵器製造の原料にもなるので，使用済み核燃料は大きな問題を抱えることになる．

　原発では，核分裂の際に発生する熱で，水蒸気を発生させタービンを回し発電する．日本の原発のほとんどが沸騰水型（BWR）か加圧水型（PWR）で，いずれも軽水つまり普通の水を使っているので軽水炉と呼ばれている．水は炉心を冷却する作用と中性子を減速する作用（核分裂を促す作用）とを持っている．中性子の減速作用は，核反応が継続して起こるようにする役目をしている．

　原子炉の出力制御のためには原子炉内の中性子数を調整して反応度を制御する．停止状態の原子炉には中性子を吸収する制御棒が挿入されており，核分裂反応に伴う中性子を吸収して臨界状態（原子核分裂の連鎖反応が一定の割合で継続している状態）にならないようにしている．原子炉の起動時は，制御棒を徐々に引き抜くこ

とで炉内の中性子数を増加させ，臨界から定格出力になるまで反応度を上げて行く．緊急時には制御棒はすべて挿入して，原子炉を停止させる．

加圧水型原子炉の仕組みを**図 9-1** に示す．中部電力，関西電力な

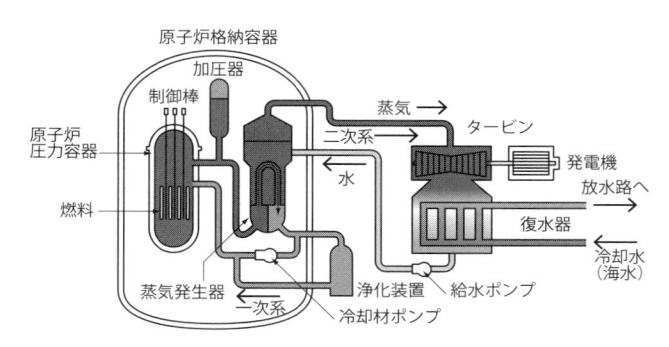

図 9-1　加圧水型原子炉の仕組み

ど東海地方より西にある原子炉はすべてこの型の原子炉である．ウラン燃料は棒状で燃料棒と呼ばれているが，燃料棒はジルコニウム合金製の被覆管に収められ，それが 60 本程度束ねられたものが燃料集合体である．原子炉の中核には圧力容器と呼ばれる鋼鉄製の器があり，その中心は炉心と呼ばれている．炉心には，数百の燃料集合体が垂直方向に横から支える形で置かれている．数百の燃料集合体は圧力容器の中で高温高圧の水蒸気の雰囲気の中にある．高温高圧の水蒸気の力でタービンを回して発電する．役目を終えた水蒸気は復水器で凝縮され，給水ポンプで蒸気発生器に送られて再び水蒸気になる．こうした水の循環は冷却系と呼ばれている．温水として海に捨てられる廃熱は核反応によって生成する熱量の約 2/3 で，原発の発電効率は 33 ％程度である．なお，沸騰水型の場合は圧力容器には水が入っている．海に捨てられる廃熱で，取水したときより約 7℃上昇して海に戻される．そのため漁業被害が懸念される．逆に，養殖場への利用，植物栽培用温室，融雪への利用などが考えられる．

原発は発電中に二酸化炭素を排出しないという点では環境に優しい面がある．しかし，原発の建設時には大量の二酸化炭素を排出するし，事故が起こると放射能汚染によって環境破壊が起こるので，使用済み核燃料や核廃棄物の処理処分の問題を考えると，環境に優しいとは言い難い．

（ま）（と）（め）　日本の原発は，火力発電と同じ原理で水を加熱して水蒸気を発生させタービンを回して発電している．原発ではウラン燃料に中性子を当てて核分裂を起こし，発生する熱を利用する．核燃料集合体は原子炉の中の圧力容器の中で全体が水または水蒸気に浸かっていて沸騰水型の場合は，核燃料集合体と接する水が沸騰する．加圧水型の場合は，圧力容器内にある蒸気発生器で水を水蒸気にする．発電のタービンは水の冷却系を通して圧力容器と結ばれていて水蒸気の供給を受けて発電する．

2話 福島第一原発の事故はどのように起きたのか？

福島第一原発は沸騰水型の原子炉で，東京電力以外にも東北電力，北海道電力が採用している．沸騰水型原子炉の仕組みを**図9-2**に示す．**図9-1**と違うのは圧力容器の中は水蒸気ではなく燃料集合体がすっぽりと水に浸かっている点である．原子炉が運転中のときは，核分裂によって生成した熱によって燃料集合体と接する水が沸騰する．圧力容器は，注水口と蒸気口と呼ばれる二つの管でタービンと結ばれている．注水口からは圧力容器に 280 ℃よりやや低い温度の水が注がれ，蒸気口からは圧力容器に 280 ℃よりやや高い温度の蒸気がタービンに送られ，発電する．

圧力容器は鉄筋コンクリート製の格納容器の中に収まっている．格納容器下部には圧力抑制プールがあり，水が入っている．格納容器は原子炉建屋の中に入っている．原子炉建屋の中には，非常時に 1 次冷却系が機能しなくなった場合に炉心を冷却するため，圧力抑制プールの水や外部給水経路の水を圧力容器内に水を送り込むための非常用炉心冷却システムがある．

2011 年 3 月 11 日に東日本を襲った地震によって運転中の福島第一原発は非常停止したが，地震によって外部電源が失われ，その後の大津波によって地下にあった非常用ディーゼル発電機も失われた．原子炉は停止しても炉内の温度が高いのでこれを冷却し続けないと核反応が継続し，崩壊熱が発生する．電源を失うと給水ポンプが作動せず冷却ができなくなる．その後非常用のバッテリーや消防車の放水などで冷却を試みたが，十分な効果が出なかった．

そうしている間に水素爆発が次々と発生し，鉄筋コンクリート製の建屋が吹き飛

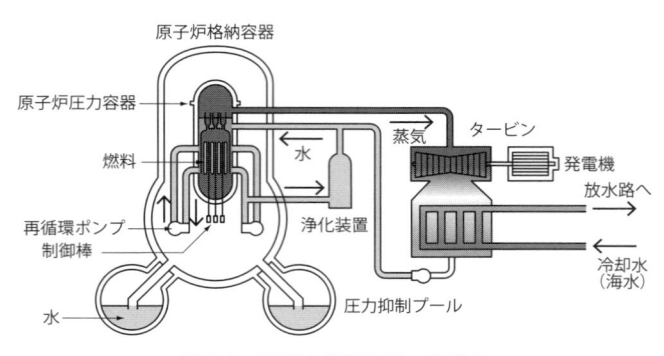

図 9-2 沸騰水型原子炉の仕組み

んだ．原因は燃料棒を収めている燃料被覆管のジルコニウムが高温の水蒸気と反応して水素が発生したためである（$Zr + 2H_2O \rightarrow ZrO_2 + 2H_2$）．水素は酸素と混ざると爆発的に反応し水素爆発を起こす性質がある．原子炉は放射能の外部への漏れを防ぐため，圧力容器はもとより格納容器や原子炉建屋も密閉した構造になっている．原子炉建屋には水素がたまり，地震によって発生したわずかな隙間を通して空気が流入し，水素と酸素と混合して水素爆発に至ったと考えられる．水素爆発によって大量の放射性物質が大気中に放出され，広域的な放射能汚染を引き起こした．その後も冷却を続ける必要があったが，原子炉内のあちこちに穴が空いているために，汚染水がたまりその対応に手間取ることになった．

　原子炉は，「止める，冷やす，閉じ込める」の思想で安全性を確保できると言われてきた．しかし，電源を失うことによって「冷やす」ができなくなり，結果として「閉じ込める」もできなくなった．電気会社や規制当局は安全性の思想を過信し，地震や津波のリスクを甘く評価したために，防潮堤の備え，非常用電源の備え，重大事故時のマニュアルの整備などが不十分だったことが大事故につながったと考えられる．

　東電は，通常の運転で使う冷却装置の復旧を目指したが，建屋地下にある放射能で汚染された大量の水を発見し，機器や配管などの修理ができないことがわかった．このため，原子炉格納容器を丸ごと水で満たして冷やす方法に転換したが，格納容器の破損によるとみられる水漏れが確認されたのでこれも断念した．最後の手段は，原子炉を冷やした後に漏れ出る汚染水を浄化して原子炉に戻す「循環注水冷却」だった．このシステムは，浄化装置やタンクをホースでつないだ 4 km にもなる設備で，水漏れや故障も頻繁に起こった．それでも，なんとか 1 ～ 3 号機の圧力容器の底の温度計が 100 ℃以下になったのは 9 月末だった．さらに，高濃度汚染水を処理するために，やむを得ず低濃度汚染水を海に流したが，漁業関係者や近隣諸国への事前通報がなされず，日本政府ひいては日本のイメージを著しく損ねた．

　まとめ　東日本を襲った地震によって運転中の福島第一原発は非常停止したが，地震と大津波によって外部電源と非常用電源が失われた．原子炉は停止しても冷却し続けないと核反応が継続し崩壊熱が発生して炉内は高温になる．その後燃料被覆管のジルコニウムが高温の水蒸気と反応して水素が発生し，水素爆発が起きて鉄筋コンクリート製の建屋が吹き飛んだ．水素爆発によって大量の放射性物質が大気中に放出され，広域的な放射能汚染を引き起こした．

3話　福島第一原発の事故はどんな放射能汚染をもたらしたか？

　2011 年 3 月 11 日の地震で福島第一原発 1 〜 3 号機は非常停止したが，12 日および 13 日に格納容器の圧力の異常な上昇が生じたために，格納容器内のガスを建屋の外に排出するベントと呼ばれる強制排気の措置を取った．そのため大量の放射能が外部に拡散した．また，12 〜 15 日にかけて 1 〜 4 号機では水素爆発または格納容器や原子炉建屋の損傷によってさらに大量の放射能が外部に拡散した．放射性物質は風向により大半が太平洋側に放出されたと見られるが，特に 3 月 15 日には各地に大規模に放射性物質が降下し，土壌・河川・海洋が汚染され各用水・農畜水産物から放射性物質が検出されることになった．原発事故によって放出された放射性核種の量をチェルノブイリ原発と比較すると，ヨウ素 131 ではチェルノブイリが 1 760 × 10^{15} Bq なのに対して福島第一では 160 × 10^{15} Bq である．ここで，Bq（ベクレル）という単位は放射性物質が 1 秒間に原子核が崩壊する数を表し，放射性物質の濃度を定量的に表現する場合に用いられる．また，セシウム 137 ではチェルノブイリが 85 × 10^{15} Bq なのに対して福島第一では 15 × 10^{15} Bq となっている．

　図 9-3 に文科省とアメリカエネルギー省による放射能のモニタリング

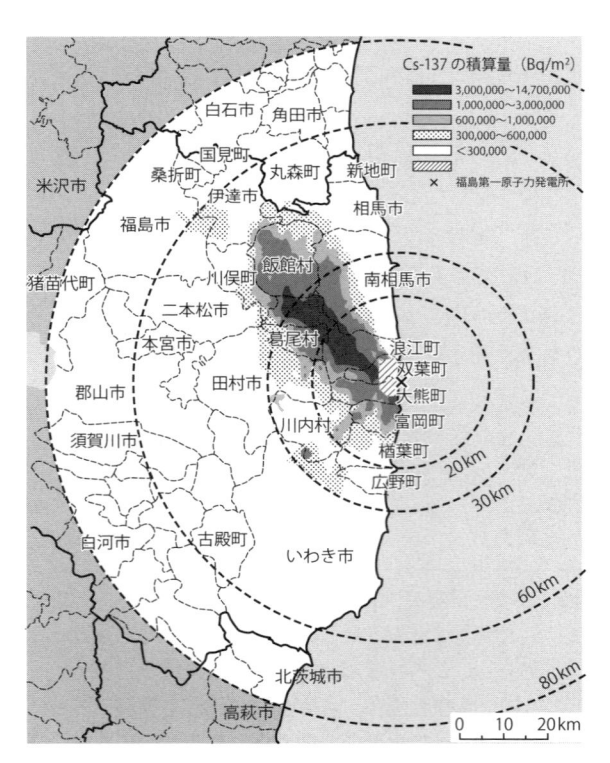

図 9-3　2011 年 4 月 29 日の福島第一原発周辺のセシウム 134 およびセシウム 137 の合計の積算量（単位 Bq/m²）

調査の結果を示す．図では 2011 年 4 月 29 日の福島第一原発周辺のセシウム 134 およびセシウム 137 の合計の積算量（単位 Bq/m^2）として示している．ここで，多くの放射線の中でセシウム 134 およびセシウム 137 が選ばれている理由は，半減期がセシウム 134 が 2.06 年，セシウム 137 が 30 年と比較的長く，しかもセシウムは土壌などに含まれやすく放射線の影響を長く与えやすい核種だからである．実際，ほかの核種による放射能の寄与は小さいものと考えられる．ここで，原発周辺の斜線を記した地域は，測定結果が得られていない場所を示す．

　図 9-3 を見ると，汚染濃度の高い地域が原発のある地域から同心円状に広がっているのではなく，北西方向の地域で特に高くなっている．これは普段は東に向かって吹いていた風が 15 日には北西に向かって吹いたためと説明されている．原発から 40km と離れている飯舘村の汚染濃度が高いことが注目される．最も汚染濃度の高い地域では 0.3 ～ 1.5 万 kBq/m^2 で，チェルノブイリ原発事故後の強制避難ゾーン（1 480 kBq/m^2）の下限よりも高い濃度である．

　また，2011 年 4 月 24 日の各地の空間線量率のデータ（4 月 25 日の朝日新聞）によると，浪江町赤宇木で 24.2，飯舘村で 4.06，福島市で 1.55，郡山市で 1.57，南相馬市で 0.52，白河市で 0.66，いわき市で 0.28，会津若松市で 0.18，白石市で 0.19，仙台市で 0.09，宇都宮市で 0.064，日光市で 0.22，北茨城市で 0.234，つくば市で 0.18，さいたま市で 0.057，新宿で 0.0699，千葉県市原市で 0.049，横浜市で 0.033（単位マイクロシーベルト，μSv）となっている．ここで，Sv は放射線によって生物にどれだけ影響があるかを表す単位で，放射線の種類や量が違っても同じ Sv であれば生物に及ぼす影響は同じである．福島第一原発からの距離が離れるほど放射能のレベルが低くなる傾向があるが，それは一様ではなくまだら模様にになっている．これは，放射性物質が拡散する場合に風や地形などに大きく影響を受けた結果である．

> **(ま)(と)(め)**　福島第一原発の事故により格納容器内のガスを外に排出するベントや水素爆発による原子炉建屋の破壊によって，大量の放射性物質が外部に拡散した．汚染濃度の高い地域は同心円状に広がったのではなく，北西方向の地域で特に高くなった．これは放射性物質が多量に放出したときに北西に向かって風が吹いたためである．空間線量率のデータでは，原発からの距離が遠いほど放射性物質の濃度が低いが，一様ではなく，まだら模様になっている．

4話　放射線の人体への影響は？

　放射線には α 線，β 線，γ 線，X 線などがある．このうち，α 線はヘリウムの粒子線で，β 線は電子線である．γ 線と X 線はともに電磁波であるが，γ 線のほうは原子核の崩壊に伴って出るのに対して，X 線は原子を構成する電子が励起されることによって出る．γ 線は一般に X 線より波長が短くエネルギーが大きい．α 線は紙 1 枚でも十分弱まり，β 線は薄いアルミニウムの板でも十分弱まるが，γ 線は厚い鉄や鉛の板でないと通過する．

　原発の事故で話題になった放射性ヨウ素 131（半減期；8.06 日）や放射性セシウム 137（半減期；30.1 年）はいずれも β 線と γ 線を放出する．このうちセシウム 137 は半減期約 30 年で β 崩壊して準安定なバリウム 137 になるが，準安定なバリウム 137 は半減期約 2.5 分で γ 線を放出して安定なバリウムになる．

　原発の事故後，初めは，半減期の短い放射性ヨウ素が問題となった．ヨウ素 131 は事故によって放出された放射性核種のうち希ガスであるキセノン 133 に次いで放射能が大きい核種であり，甲状腺に沈着して甲状腺ガンなどを引き起こす性質がある．ヨウ素 131 の沈着を抑制するためにヨウ素剤の服用がなされる．ヨウ素剤はヨウ化カリウムやヨウ素酸カリウムの錠剤で，安定同位体のヨウ素 127 がヨウ素 131 と置き換わる．ヨウ素 131 の半減期は 8.06 日なので数か月もすればその影響は無視できる．その後は放射性セシウムが中心的な問題となる．その理由は，セシウム 137 はヨウ素 131 に次いで原発からの放出量が多いこと，半減期は 30.1 年と長いこと，セシウムは水に溶け土壌に含まれやすいことなどによる．

　放射線の人体への影響については 10 Sv 以上で即死または数週間以内で死亡，1 Sv 以下では吐き気，脱毛，白血球減少などの症状を起こす，0.25 Sv 以下では顕著な症状が現れないがガンなどの健康被害を起こすと言われている．この点に関しては科学者の意見に大きな隔たりはないようである．

　ところが 0.1 Sv（100m Sv）以下の健康被害については科学者の間で意見が大きく分かれている．その一つの原因は放射線の人体への影響について実験ができないことである．低線量被曝の健康への影響については，広島・長崎の被爆者に関する調査データなどから推定するしかないのが現状である．もう一つは低線量被曝の場合はほかの病気などとの区別がつきにくい点である．

　国際放射線防護委員会（ICRP）は，平常時に一般の人が 1 年間の許容放射線

量は 1 mSv で，原発の作業員や X 線を取り扱う技師や医師の許容放射線量を 50 mSv，緊急事故後の復旧時は一般の人で 1 〜 20 mSv と定めている．ICRP の勧告は広島・長崎の被爆者の調査データ（被爆者 76 000 人，非被爆者 27 000 人）をベースに作られ，事実上の国際的な安全基準となっている．そして 100 mSv の被曝は生涯のがん死亡リスクを 0.5 ％上乗せするとしている．

　ICRP の基準に対してはリスク過小評価，リスク過大評価と両方からの批判がある．1mSv 程度でも健康被害があるという考え方では，LNT 仮説（被曝による健康被害のリスクは被曝線量に比例する）によると低線量でも健康被害のリスクがある，低線量でも健康被害があるというデータがある，医療被曝や喫煙の場合と違って被災者は被曝を自らの判断で選べない，住民や消費者の低線量被曝に対する不安を考慮すれば被曝は最小限にすべきだと主張している．

　100 mSv 以下では健康被害があり得ないという考え方では，LNT 仮説ではなく閾値が 100mSv 程度であるという説も有力である（文部科学省など），100 mSv 以下では健康被害があるというデータはない，100 mSv 以下では健康被害があるというよりは放射線社会学の問題であると主張している．

　一方，自然放射線が存在し，主として宇宙から飛来する放射線と地殻中の自然放射性核種からの放射線に由来していて，世界最高はイランのラムサールで 10 mSv，日本では平均 2.1 mSv ある．また人工的な発生源からの放射線被曝については，胸部 X 線撮影，胃の X 線撮影，X 線 CT による撮像，PET 検査などで，日本での 1 人当たりの年間医療被曝線量は平均約 3.8 mSv と推定されている．

　放射線被曝は少なければ少ないほど健康被害のリスクは小さくなる．しかし，そのリスクをゼロにはできない．私たちは自然放射能を避けることはできないし，医療被曝をゼロにすることも困難である．人類は長い年月の中で自然放射能を浴びる環境の中で進化してきた．放射線被曝を正しく恐れる必要はあるが，リスクゼロに固執すれば農産物などの放射能が過剰に低いことを要求することになる．

（ま）（と）（め）　放射線の人体への影響について，高線量被曝に関しては科学者の意見に大きな隔たりはない．100m Sv 以下では科学者の間で意見が大きく分かれる．ICRP の基準（平常時 1 mSv，100 mSv の被曝は生涯のがん死亡リスクを 0.5 ％上乗せ）を各人がどう判断するかにかかっている．参考値としては自然放射能（世界最高が 10 mSv，日本平均 2.1 mSv）および医療被曝（日本平均 3.8 mSv）のデータがある．これに比べて高いか低いかは参考になる．

5 話　放射能による土壌汚染の影響は？

　放射能汚染による農林業への影響は主として放射性セシウム（134 Cs および 137 Cs）による．帰還困難地域（放射能 50 mSv 以上）や居住制限地域（20 〜 50 mSv）ではもちろん農業はできないが，避難指示解除準備地域やそれ以外の地域（20 mSv 以下）では試験的に農業を行なっても出荷できるまでに多くの困難があった．

　2011 年の米の出荷期に福島県が行なった米の調査では，政府の暫定規制値 500 Bq/kg を超えたものはなく，最大でも 470 Bq/kg であった．しかし，2011 年 11 月 16 日に福島市の旧小国村から暫定規制値を超える玄米が見つかり同地区の農家の米を全数検査したところ，暫定規制値を超えた農家が 0.2 ％，100 〜 500 Bq/kg が 2.3 ％，100Bq/kg 以下が 11.3 ％，放射能を検出しなかった米が 86.2 ％であった．意外にも土壌の表面の放射能濃度が高くても汚染が少ないことや，同じ空間線量率の地域でも米の汚染が大きく異なる事実が判明し，その解明が進められた．

　土壌の表面の放射能濃度が高いにも関わらず米の汚染が少ない理由として，土壌に含まれる特定の粘土鉱物（イライト，バーミキュライト，風化雲母など）に強く固定されるために，植物が根から吸収しないためと説明されている．**図 9-4** に示した日本土壌肥料学会の説明では，珪酸（SiO_2）の Si^{4+} にアルミニウム（Al^{3+}）が一部置換した層状のシートはマイナスの電荷を持っており，その層間の穴の位置に K^+ などの陽イオンが入り込みやすい性質を持っている．そこへ放射性セシウムがやってくると，セシウム（Cs^+）は水に溶けやすく K^+ と似た性質を持っているので，層間の穴に入り込みやすい．しかも，Cs^+ のイオンのサイズは穴の大きさと合っているのでより安定に固着する．それで，植物の根は Cs^+ を取り込むことができない．層間の穴に入り込んだ Cs^+ は吸着態セシウムと呼ばれる．カリウム（K^+）は肥料の三要素の一つで，水田の土壌中にかなり含まれている．カリウムを多く含む土壌ほど玄米中の放射性セシウムの量が少ない．これはカリウムが多いのは粘土鉱物を多く含むためで，Cs^+ がその穴に入り込むためである．

　放射性セシウムが 3 月 11 日に水田などに降下した場合に，吸着態とは違った形態で存在しているものもある．それは水田を被っていた雑草，稲の株，稲ワラ，落ち葉などの有機物に放射性セシウムが付着して固定されたものである．この有機物が耕された後も 6 月ごろまで水田で分解されずに残ったが，夏期の高温のために

分解され放射性セシウムが水に溶けて稲の根から吸収されたと考えられている．有機物に付着した放射性セシウムは緩く固定されていて，交換態セシウムと呼ばれる．高濃度の汚染米は有機物に付着した交換態セシウムによるものと考えられる．

　放射能で汚染した土壌を除染する試みもいろいろなされている．土壌に吸着態で存在している放射性セシウムは水にほとんど溶けないので，水移動による放射性セシウムの移動も限定的である．汚染した土壌は表層に集中しているので，表層の数センチの土壌を削り取って汚染されていない土壌と入れ替えたり，深い層の土壌と入れ替えることなどが行われている．それらは一定の汚染除去効果があるが，その労力も相当なものである．また，削り取った汚染土壌は別の場所に移動すると，そこでの管理が問題となるので，汚染土壌のある土地に穴を掘って埋めることが望ましい．また，森林地域での除染も問題であるが，この場合は落葉や下草に付着している交換態セシウムに着目した除染の効果が注目される．試験的な実験では，落葉や下草を除去した場合に元の放射能の 60 〜 70％に低下したとのことである．これも費用対効果が問われる．

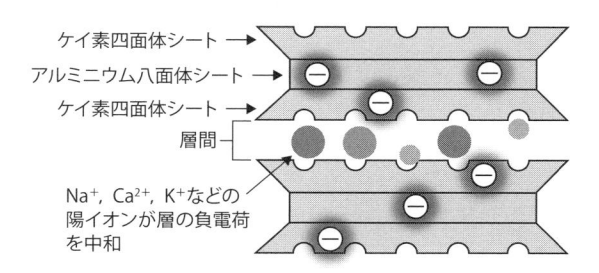

図 9-4　粘土鉱物中に取り込まれる陽イオン［出典：日本土壌肥料学会 HP］

> （ま）（と）（め）　2011 年の出荷期に福島県が行なった米の調査では，ほとんど暫定規制値 500 Bq/kg 以下であったが，例外的に高濃度のものがあった．土壌の放射能濃度が高いのに米の汚染が少ないのは，土壌に含まれる粘土鉱物に放射性セシウムが強く固定され根から吸収しないためである．放射性セシウムが雑草や稲ワラなどの有機物に付着すると付着力が弱いため，稲の根から吸収され高濃度の汚染米になった．

6話　放射能による海洋汚染の影響は？

　福島第一原発の事故でチェルノブイリ原発事故の 1/6 に相当する大量の放射性物質が大気中に放出された．海洋に放出された放射性セシウムの濃度は，沖合水と混ざって薄まったり，水中に浮遊する懸濁物質に吸着されたり，生物に取り込まれたりして 2017 年現在では，原発に近い沿岸域を除いてほぼ事故前の水準に戻っている．懸濁物質や生物に取り込まれた放射性セシウムは排泄物や死骸として沈降し海底に堆積する．このため，福島県沿岸では海底の泥や砂の中の放射性セシウムの濃度が数千 Bq/kg に達する場所もあったが，徐々に濃度が低下してきている．

　放射性セシウムは大気経由で海に降下したものと，福島第一原発から汚染水として直接放出されたものとがある．セシウムは水に溶けるので，海水に溶けて，海流によって運ばれ，拡散したものと考えられる．2011 年 5 〜 6 月に海水を調査した結果によると，福島県東方沖および仙台湾で 1 000 mBq/L 以上の放射性セシウムが検出された．その後放射能は指数関数的に減衰した．福島県東方沖では放射能が半分になるのに 85 日かかったのに対して，仙台湾では 122 日を要した．海水の放射能調査は，日本海，東シナ海，瀬戸内海，オホーツク海でも行われたが，福島第一原発事故前と同じレベルのセシウム 137 が検出されたが，セシウム 134 は検出されなかった．そのため，これらの海域では原発事故の影響が及ばなかったと考えられる．

　北太平洋の表層での調査によると，事故から数か月後には放射性セシウムが黒潮続流（北上していた黒潮が銚子沖付近で東寄りの流れになる）に乗って東経 155°（福島沿岸から約 2 400 km）まで達した．2013 年の夏には，海水中のセシウム 137 の濃度は，日本の沖合では 3 mBq/L 以下に低下したが，北太平洋の中心付近には 10 mBq/L 程度のやや高濃度の海域もあった．また，2014 年 2 月にはカナダ沖で，福島第一原発由来のセシウム 137 が 2 mBq/L の低濃度で検出されている．

　2011 年 5 月の調査で，福島県周辺の大陸棚の広い範囲の海底土から数百 Bq/kg-dry の放射性セシウムが検出された．海底土内部の放射性セシウムの分布は表層 2 cm 以内に集中し，それより深いと急に濃度が低い．海底土の放射性セシウムは時間とともに減少するが，位置の分布はほとんど変わっていない．

　海の生物の食物連鎖，すなわち植物プランクトン→動物プランクトン→小型魚→大型魚の関係は放射性セシウムの移行を決める．海底ではベントス（エビ，カニ，

貝類など）→海底魚類の関係にある．魚類の放射性セシウムの摂取には，魚類が海水を飲む寄与と餌となる生物を取り込む寄与とがある．食物連鎖が重なると生物濃縮によって放射性セシウム濃度が増える．福島県東方沖および仙台湾での動物プランクトンの調査では，2011 年 6 月には 20 mBq/kg を超えるものが見られたが，時間とともに指数関数的に減少した．動物プランクトンの放射性セシウム濃度が半減する日数は福島県東方沖で 178 日，仙台湾で 263 日であった．これは海水中の放射性セシウム濃度に対応している．

　カレイやアイナメなどの海底魚は餌としているベントス体内の放射性セシウムに影響を受ける．測定の結果，小型の甲殻類やヒトデ類では放射性セシウムの量が 5 Bq/kg 以下と低いが，多毛類のベントスの放射性セシウム量はその 10 倍前後多かった．これは放射性セシウムが海底土に吸着するため甲殻類やヒトデ類が放射性セシウムを取り込まないが，多毛類は放射性セシウム量の多い海底表面にある有機物や水中に漂う有機物を食べているためである．これらのベントスは放射性セシウムを体内に貯め込まない．それは，ベントスは無脊椎動物であるので，体液の塩分濃度が海水と同程度で，放射性セシウムが海水と自由に入れ替わるためである．

　魚類の事故後 700 〜 1 000 日の放射性セシウム濃度を食性グループで比較したところ，ベントス食性→甲殻類食性→魚食性の順に多くなっている．これは，その順序で生体での放射性セシウムが濃縮されているためと考えられる．魚類の放射性セシウム濃度は事故後次第に上昇し，2011 年の秋ごろに最大値を示しその後減少している．福島県水産試験場によると，2011 年 4 〜 6 月期に福島県沿岸で採取された水産生物の 58 ％が食品中の放射性セシウムの基準値である 100 Bq/kg（自然放射能と同程度）を超えていた．その後，基準値を超えた検体の割合が時間とともに減少し，2015 年 10 〜 12 月期以降はゼロになっている．

　㊕㊕㊕　　海中の放射性セシウムは大気から海に降下したものと，福島第一原発から汚染水として放出されたものとがある．セシウムは海水に溶け，海流によって運ばれ拡散した．福島県沖の海水で 1 000 mBq/L 以上の放射性セシウムが検出されたが，その後指数関数的に減衰した．植物プランクトン→動物プランクトン→小型魚→大型魚という食物連鎖によって放射性セシウムは濃縮した．水産生物の 58 ％が食品中の放射性セシウム基準値の 100 Bq/kg を超えていたが，2015 年 10 月以降はゼロである．

7 話　福島第一原発の廃炉はどうなるか？

　福島第一原発は核燃料の溶融（メルトダウン）という最悪の事故を引き起こしたが，事故の後始末（廃炉）が非常に大きな課題となっている．廃炉とは，汚染水対策，核燃料の取り出し，解体と片付けの三つの作業を意味する．もし，原子炉が正常に運転した状態で廃炉を迎えたのであれば，汚染水対策と核燃料の取り出しは通常の作業で可能なので，解体と片付けが主な作業となる．しかし，メルトダウンを起こした福島第一原発は核燃料が周囲にある物質と一緒に溶けて共融混合物（燃料デプリ）が格納容器の各所に散らばっていると予想され，周囲の放射能レベルも高いのでその作業は困難を極める．

　汚染水対策が必要な理由は，原子炉が停止しても冷却を続けないと核反応が起きて放射能レベルが高くなるからである．事故収束後も冷却水を原子炉に流し続けるので，汚染水が発生する．事故発生から数か月間は汚染水があちこちから漏れて汚染水対策が困難を極めた．新しい水を注入すると汚染水が増えるので，汚染水を循環して途中で高放射能成分を取り除く循環注水冷却が作動して汚染水対策が落ち着いた．その後，汚染水対策の切り札として凍土壁が設けられた．凍土壁は1〜4号機の建屋をぐるりと囲む地中に作る氷の壁である．凍結管を約1mおきに約30mの深さまで打ち込み，−30℃の液体を流して周囲の土を凍らせ，陸側から流れ込む地下水と海に流失する汚染水を抑える．2017年11月に大部分の領域で氷の壁ができ地下水の流入が減っていたが，台風による大雨で水が流入したという．それでも汚染水対策は峠を越え，主な課題は燃料デプリの取り出しになっている．燃料デプリとは，溶けた核燃料が燃料被覆管，圧力容器，配管の材料などを含んだものをいう．

　廃炉作業とは放射能に汚染されたレベルに応じて原子炉の材料を分離し，それらを別々に処分することである．最も重要な部分は核燃料デプリの取り出しである．4号機の核燃料の取り出しは終っているので，核燃料が溶融した1〜3号機が問題となる．核燃料（酸化ウラン）の融点は2865℃であるが，運転時は核分裂生成物を含むのでそれより少し低い温度で溶けたと考えられる．溶けた核燃料は溶けた燃料被覆管のジルカロイ（ジルコニウムの合金）とともに圧力容器の底にたまるが，圧力容器は鋼鉄製で融点は1500℃以下なので圧力容器の底が溶けて抜けてしまう．燃料デプリが格納容器の底に堆積，散乱していると思われるので，そ

の大きさと分布を調べることが最
も重要である．格納容器の中は放
射能レベルが高くて人間が近寄れ
ないので，2 号機では格納容器の
横から**図 9-5** に示すように作業
用の足場を設け，作業用の穴か
ら 16 m の棒を挿入し，先端に取
り付けた遠隔カメラで内部を撮影
している．その結果，燃料デブリ
と見られる小石状の堆積物が散乱
していた．燃料デブリの状態をさ
らに詳細に把握するためいろんな
タイプの調査用ロボットが開発さ

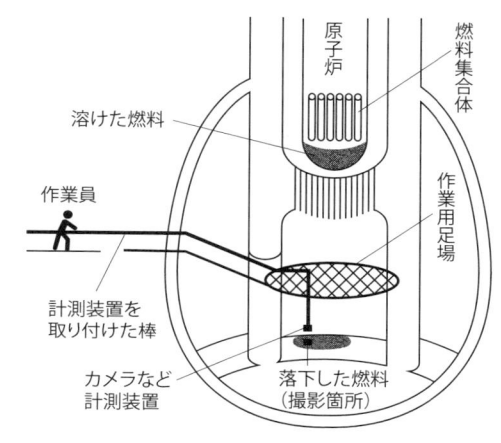

図 9-5　福島第一原発 2 号機の内部

れ，調査が試みられている．格納容器内はいろいろな材料が散乱し，ロボットの活
動を妨げている．燃料棒は長さ 3.7 m のものが 48 000 本もあるので，その一部が
溶けずに圧力容器内に残っている可能性もある．それらの調査が十分に進むまでは
次の段階に進むことはできない．廃炉工程表では，1 〜 3 号機のいずれかの燃料デ
ブリの取り出しが始まるのが 2021 年となっている．それが予定どおり運ぶかどう
かが廃炉作業全体のカギを握っている．

　燃料デブリおよび核燃料の取り出しが終われば，正常に役目を終えた原子炉の廃
炉とほぼ同様の作業となる．必要な除染を行なった後に原子炉は解体されるが，原
子炉の解体は一般の建築物の解体とは違って，ホコリまみれの作業とはならない．
ロボットなどを使って各部品ごとに決められたサイズに切断され，決まった収納容
器に収められていく．後は放射能レベルに応じてそれらの処分が決められる．

（**ま**）（**と**）（**め**）　福島第一原発の廃炉は，汚染水対策，核燃料の取り出し，解体と片付
けの作業となる．汚染水対策は循環注水冷却および凍土壁によって峠を越えつつある．
格納容器の底に燃料デブリが堆積し散乱しているので，その調査が 2019 年現在の最
重要課題となっている．燃料デブリの取り出しが完了すれば，後は通常の原子炉の廃
炉と同様の解体と片付け作業となる．

8話 使用済み核燃料はどうなるか？

　日本には 54 基の原発があり，再稼働の有無に関わらず原発の後始末は避けられない課題である．今後原発の新設がないとしても，廃炉を行う必要があり，使用済み核燃料および放射性廃棄物（原発のゴミ）をどうするかの問題に直面する．

　なぜ使用済み核燃料の発生が原発利用の中心的課題なのか．それは，原発によって人工的につくられる放射性核種のうち圧倒的に多い量の放射能と半減期の長い放射性核種が含まれるからである．取り出し直後の核燃料は強い放射能と熱を持っているので，原発敷地内にある燃料プールで保管冷却される．その後使用済み核燃料を処分することになるが，再処理する方法と直接処分する方法とがある．

　使用済み核燃料の処分方法を**図 9-6**に示す．直接処分する方法は，使用済み核燃料をそのまま金属容器などに封入する方法である．封入された核燃料は発熱が大きいので乾式空冷の条件下で一定期間保管された後，地層処分される．アメリカなどの国は当初再処理する方法を志向していたが，再処理は予想以上にコストがかかること，高速増殖炉が軽水炉に比べてコスト高で信頼性が低いなどの理由で，直接処分する方法に転換している．

　使用済み核燃料の再処理とは，核燃料を化学処理してウラン，プルトニウム，TRU 元素および核分裂生成物を相互分離して回収する．ここで，TRU 元素（超ウラン元素）とはウランより重い元素のうちアメリシウム，キュリウムなどプルトニウム以外を指す．いずれも放射能を持っていて半減期が長い．使用済み核燃料の再処理方法は，燃料棒を細かく砕いて硝酸に溶かし，ウランとプルトニウムを抽出・分離する．プルトニウムは容易に核兵器に転用可能なため，プルトニウムだけを所有することは核拡散防止条約で禁止されているのでウランとプルトニウムを混合した MOX 燃料（UO_2 と PuO_2 の混合焼結体）とする．

　放射性廃棄物は放射能のレベルに応じて処分方法が決定される．そのうち高レベル放射性廃棄物は再処理によって発生した核分裂生成物が主な成分である．日本では，高レベル放射性廃棄物はガラス固化され，地層処分されることになっている．高濃度の放射性廃液をガラス原料と混ぜて 1 000 ℃以上に加熱される．溶融したガラスは金属製容器（キャニスタ）に入れ，溶接密封される．地層処分は多重防護の考え方でなされている．キャニスタは粘土層の緩衝材で覆われ，それらは 300 m より深い地下施設の岩盤で囲まれた中に置かれる．高レベル放射性廃棄物

の放射能レベルは時間とともに減少するが，無害化するまでに数万年を必要する．日本では住民の反対で処分場の候補も決められないでいる．世界でも，処分場が決まっているのはフィンランドだけで，アメリカ，フランスなどで調査中である．

　MOX 燃料は高速増殖炉または軽水炉で使用される．高速増殖炉に MOX 燃料を使うとウラン 238 に高速中性子が当たって有用なプルトニウム 239 を作り出すことができる．日本は使用済み核燃料を再利用する再処理路線を採ってきた．ただ，高速増殖炉の原型炉であるもんじゅは冷却材のナトリウム漏れなどの事故を起こし，廃炉が決定した．政府は新たに実証炉を計画中である．しかし，高速増殖炉は技術的，コスト的に疑問が多い．

　高速増殖炉は当面運転の見込みがないので，再処理によって発生したプルトニウムが貯まる一方である．プルトニウムの大量貯蔵は国際的に大きな問題なので，これを減らすために，軽水炉でプルサーマルを行いつつある．プルサーマルとは，濃縮ウランを燃料とするのではなく，MOX 燃料を使う方法である．MOX 燃料を使えばウラン 235 の濃度が低い天然ウランとプルトニウムの混合燃料で発電ができる．ただ，プルサーマルをするために再処理をするのは，燃料の有効活用からもコストからみてもあまり意味がないとの意見が多い．

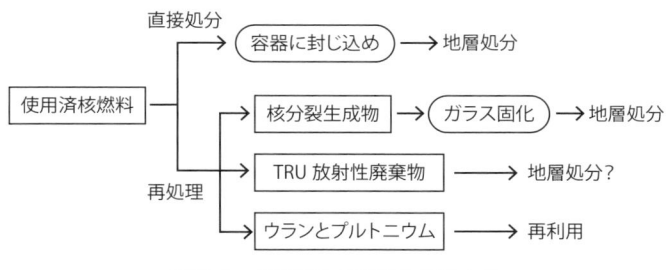

図 9-6　使用済み核燃料の処分方法

（ま）（と）（め）　使用済み核燃料の処分には，再処理する方法と直接処分する方法とがある．直接処分する方法はそのまま金属容器などに封入する．再処理は核燃料をウラン，プルトニウムなどを相互分離して回収する．再処理によって発生した核分裂生成物はガラス固化され，地層処分される．再処理によって得られたウランとプルトニウムを含む混合燃料は高速増殖炉で使用される予定だがうまくいっていない．

核燃料サイクル

　核燃料サイクルとは核燃料の採掘から放射性廃棄物の処分まで，核燃料の一生のことをいう．このうち，核燃料の採掘から精錬，ウラン同位体の濃縮，燃料加工，発電までをフロントエンドという．使用済み燃料の保管から再処理，再利用，廃炉，放射性廃棄物の処理・処分をバックエンドという．日本は核燃料を輸入しているので，フロントエンドは燃料濃縮から始まる．核燃料サイクルの構成を**図9-7**に示す．核燃料サイクルで問題なのは特にバックエンドの部分である．現在ウラン，プルトニウムを含む使用済み燃料が2011年9月現在で合計14 000トンもあってその行き場のメドが立っていない，青森県六ヶ所村の再処理工場が何度もトラブルを起こしている，放射性廃棄物の処理・処分の方法が確立していない．

　政府は使用済み核燃料を青森県の六ヶ所村の再処理工場に送り，使用済み核燃料の中からウラン，プルトニウムを含む混合酸化物（MOX燃料）とし，高速増殖炉でプルトニウム239を作り出して核燃料を循環させる「核燃料サイクル」を実現する計画である．ところが，高速増殖炉「もんじゅ」では冷却材のナトリウムが漏れ出すなど何回か事故を起こして廃炉となり，先のめどが立っていない．

　高速増殖炉が使えないので，プルトニウムの在庫が増加してきた．政府や電力業界では軽水炉でMOX燃料を使うプルサーマルを実行しようとしている．

　当面は，高レベル放射性廃棄物は処理・処分を行わず，原発敷地内や六ヶ所村の施設などに安全な容器に入れて数十年は保管する中間貯蔵が望ましい．中間貯蔵している間にウランやプルトニウムなどの長寿命核種を短寿命のものに変換する技術開発や核燃料の直接処分を含めた総合的な検討が必要と考えられる．

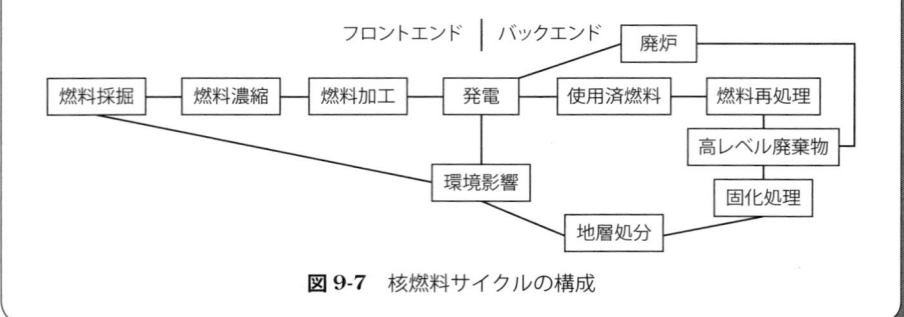

図9-7　核燃料サイクルの構成

第 10 章

室内の環境

室内では，吐く息からの二酸化炭素，アカやフケ，ダニの糞や死骸，花粉，カビの胞子，ハウスダスト，ウイルスや有毒ガス，家屋や家具に使用される接着剤に含まれる揮発性有機ガスが空気中に浮遊する．本章では，排気の必要性，シックハウス症候群の原因と対策，空気清浄機の仕組み，住宅の断熱性と採光，エアコンや照明の使い方，部屋の騒音レベルを下げる方法についても紹介する．

┓ 話　換気はなぜ必要か？

　多くの人は生活時間の 90％を屋内で過ごすと言われている．家，職場，学校，店，病院，娯楽施設，車などの乗り物も屋内である．そこでの空気は，屋外に比べて健康により強く影響を与える．屋内の環境は空気の容積が限られており，空気の汚染度合いも屋外に比べ 10 ～ 50 倍も高いとされている．

　最近の家屋は気密性が高く，窓，戸などの隙間を通しての自然換気だけでは十分な換気が得られない．室内の空気はいろいろな原因で汚れ，ガス，粉塵，微生物などを含み，新鮮な空気にするための換気が必要である．空気清浄機は，粉塵，微生物などは除去するが，酸素を作り出したり，二酸化炭素を減らしたりできないので，外気との交換が必要になる．エアコンは汚染物質を出さないが，一部の機種を除いては換気能力がなく，長時間使用時は換気が必要となる．

　室内で人が活動すると空気は汚れる．吐く息からの二酸化炭素や湿気はもちろん，風邪を引いている人はウイルスを空気中に吐き出している．寝具にはアカやフケ，ダニの糞や死骸，繊維カスなどがあり，それらが布団の中でこすれて微粒子になり，空気中に浮遊する．日本は湿度が高いため，微生物などの汚染が問題となる．花粉，カビの胞子，ハウスダスト，シックハウスの原因物質である揮発性化学物質もある．暖房器具や調理から発生する二酸化炭素，湿気や有機ガスなどが室内に留まる．タバコを吸う人がいる場合は，有毒なガスが発生するのでより換気が必要となる．

　閉め切った室内におけるガスストーブや石油ストーブによる暖房，湯沸しのガス器具の不具合などにより，新鮮な空気の補給がないと酸欠状態になり，猛毒の一酸化炭素が発生する．一酸化炭素は無色，無臭で，空気よりやや軽いため天井から溜まり，気が付いたときには手後れという場合がある．その毒性は非常に強く，人体への影響として頭痛，めまい，吐き気などを起こし，ときには死に至ることもある．

　換気は，外気を取り込んで室内の空気と混合させて，汚染物質濃度を低下して室外に排出する．給気の吸込み口と排気の吹出し口によって空気の流れをつくる．一般家庭では主に換気扇

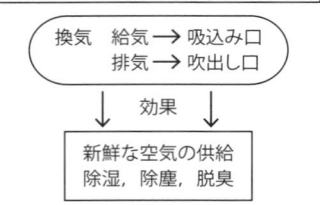

汚染空気

| 二酸化炭素，湿気，花粉
ダニの死骸，アカ，フケ，微生物
ウイルス，ハウスダスト，有毒ガス |

換気　給気 → 吸込み口
　　　排気 → 吹出し口

↓　効果　↓

新鮮な空気の供給
除湿，除塵，脱臭

図 10-1　汚れた空気と換気の効果

が使われるが，換気扇は空気の出口なので，窓を開けるか，空気の取入れ口を開けるなどして風の通り道を確保することが必要である．

　換気の目安について，人間 1 人が 1 時間で必要な空気量は約 20 ～ 30 m^3 と言われている．30 坪程度の住宅中の空気量は，だいたい 240 m^3 で，4 人が住んでいるとすると，1 時間では 100 m^3 程度の空気が必要になる．それで，2 ～ 3 時間に 1 回室内の空気が入れ換わる換気量が目安となる．冬場，窓を開けての換気は億劫になりがちだが，ストーブ使用時には一酸化炭素などの有毒ガスが発生する可能性があるので，特に空気を入れ換えるように心がける必要がある．

　換気の効果には，新鮮な空気の供給，除湿，除塵，脱臭の四つがある．

（1）新鮮な空気の供給　　必要な新鮮空気を取り入れ，代わりに汚れた空気を排出する．また，火気使用の際に必要な酸素を供給し，不完全燃焼を防止する．

（2）除湿　　最近の建物は密閉度が高く，暖房の際に生じる結露によるカビの発生や，床や壁の傷みが問題になる．湿気の籠もった室内の空気を排出することで，人と住まいにやさしい環境が保てる．

（3）除塵　　空気中のホコリには有害な雑菌が付着していることがある．また，喫煙者のいる家庭では，タバコの煙が十分に換気されていないと，天井，壁，家具，装飾品の白い部分が黄ばんでくることもある．塵埃を排出することは，衛生的な環境のためばかりでなく，ホコリが排出されるので，掃除も楽になる．

（4）脱臭　　不快感の原因となる臭気（体臭，タバコなど）を室外へ排出する．トイレ，調理室だけでなく，一般的な居室にも効果的である．

（ま）（と）（め）　　多くの人は生活時間の 90 ％を屋内で過ごす．室内で人が活動すると吐く息からの二酸化炭素，湿気，アカやフケ，ダニの糞や死骸，繊維カス，花粉，カビの胞子，ハウスダスト，ウイルスや有毒ガスなどが空気中に浮遊する．最近の家屋は気密性が高いので汚れた空気を入れ換える換気が必要である．換気により，新鮮な空気の供給，除湿，除塵，脱臭が実現される．

2話　シックハウスとは何か？

　家を新築あるいはリフォームしてから体調が悪くなったという人が最近増えている．倦怠感・めまい・頭痛・湿疹・のどの痛み・呼吸器疾患などに襲われ医者に診てもらっても原因がわからず，自宅療養をしていたら症状が却って悪化したというケースが多くある．室内空気汚染がシックハウスとして認知されるようになったのは 1990 年代のことで，主として化学物質が原因とされている．シックハウスによる体調不良のことをシックハウス症候群と呼ぶ．

　室内空気の汚染源の一つとしては，家屋など建物の建設や家具製造の際に利用される壁紙，接着剤，合板，難燃剤，塗料などに含まれるホルムアルデヒドなどの有機溶剤，木材を昆虫やシロアリといった生物の食害から守る防腐剤などから発生する揮発性有機化合物（VOC）があるとされている．空気中のホルムアルデヒド濃度が 0.1ppm を超えると刺激臭を感じはじめ，0.5 ppm を超えると目に刺激臭を感じると言われている．現在，ホルムアルデヒド濃度の国の基準値が 0.08 ppm になっている．厚生労働省のシックハウス問題に関する検討会によると，アルデヒド以外にもトルエン，キシレン，エチルベンゼン，スチレン，パラジクロロベンゼンなどの有機化合物について濃度指針が示されている．また，化学物質だけではなく，カビや微生物による空気汚染も体調不良の原因となり得る．

　近年の住宅が冷暖房効率の向上のために気密性が高いことから換気が不十分になりやすい．また，高度経済成長期の住宅建材の大量需要に合わせてプリント合板に代表される新建材などにホルムアルデヒドなどの有機溶剤が用いられ，1990 年代より室内空気の汚染が問題視されるようになってきた．また同種の問題が新築・改築のビルやマンション，病院などでも起きたケースもある．また，新品の自動車でも同様の症状が報告されており，シックカー症候群としてマスメディアなどで取り上げられている．

　シックハウスの原因物質を減らすためには，充分な換気や建築材料などの制限が必要である．近年では，VOC 放散量の低い建材や接着剤・塗料が開発・発売されている．また，換気設備を積極的に利用することが必要である．一方，カビや微生物による空気汚染が原因となることも考えられるため，これらの発生防止や除去なども必要である．また，日常生活で使われる殺虫剤や香料などがシックハウスの原因となる場合もあるので注意が必要である．

　シックハウス対策のための規制としては 2003 年に 建築基準法の改正が行われ，建築材料をホルムアルデヒドの発散速度によって区分して使用を制限，換気設備設置の義務づけ，天井裏などの建材の制限，防蟻剤使用建材の制限などが行われている．日本建材センター（BCJ）が自主評価業務として独自基準で新建築技術認定（BCJ アグレマン）を行っており，その中の一つに VOC 低減建材がある．

　空気清浄機には，フィルター式のものが多いようだ．この方式だと微粒子は除去できるが，ホルムアルデヒドや VOC など分子状の気体は除去できない．最近光触媒を用いた空気清浄機がいろいろな場所で使われている．光触媒は酸化チタンの表面に紫外線を当てることによって強力な酸化力を持つ活性酸素を生み出す．粒子状の汚れ成分だけでなく，ホルムアルデヒドや VOC など分子状のものも酸化分解して取り除くことができるので，シックハウス対策にも有効である．原因物質を分解する空気清浄機能のついたエアコンもある．

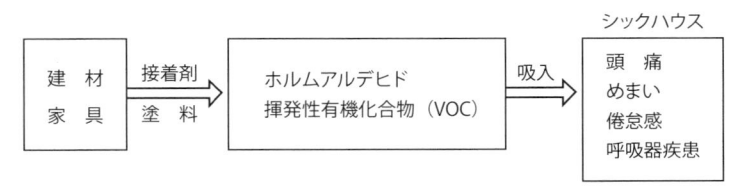

図 10-2　シックハウスの原因と症状

　（ま）（と）（め）　シックハウスは主として化学物質による室内空気汚染のことで，それによる体調不良をシックハウス症候群と呼ぶ．原因物質として，家屋や家具に使用される壁紙，接着剤，合板，塗料に含まれるホルムアルデヒドなどの有機溶剤，木材の防腐剤に含まれる揮発性有機化合物がある．シックハウス対策としては十分な換気，新建材などの使用制限がある．光触媒を用いた空気清浄機はホルムアルデヒドなどを酸化分解するので，シックハウス対策に有効である．

3話 室内の空気をどのように浄化するか？

　室内の汚染物質として浮遊粒子状物質，粉塵，花粉，ハウスダストなどの粒子状のもの，ホルムアルデヒドや揮発性有機化合物（VOC）の分子状のもの，カビ，ウイルス，細菌などがある．また，生活空間での臭いは，汗臭，排泄臭，タバコ臭，生ゴミ臭などがある．これらの空気浄化に薬剤で対応することが困難である．

　今までは，空気を清浄にするのは換気によっていたが，外の空気も汚染されてきたため，能動的に室内の汚染物質を取り除く必要に迫られ，空気清浄機が登場した．花粉症の流行などを背景に 1990 年代から吸着フィルターを備えたファン式清浄機が一般化し始めた．

　ファン空気清浄機式はファンによって強制的に空気を吸い込んで，フィルターで濾過し，きれいになった空気を吹き出す方式である．HEPA と呼ばれる目の細かい不織布のフィルターで花粉などの微粒子を集塵・濾過し，においについては活性炭で吸着する方法をとる．このような方式の空気清浄機はシックハウスのような，家屋や家具から発生するにおいや有害ガス，タバコからでる一酸化炭素などの有害ガスには対応できない．この方式では微粒子をフィルターで集塵するので，分子状の気体はフィルターを通り抜けてしまう．

　そうした問題点を解決するためには，分子状の気体をも分解・除去する光触媒を用いた空気清浄機の使用が有効である．酸化チタンの光触媒では表面に紫外線が当たると強い酸化力のある活性酸素が生成し，有機物などを分解して無害化する．**図10-3** に光触媒を用いた空気清浄機の構造を示す．タバコの煙，カビ，花粉，ハウスダストだけでなく，ホルムアルデヒドや VOC など分子状のもの，ウイルス，細菌，臭い成分にも対応できる．汚れた成分を含んだ空気はプレフィルターで粒子状のものを捕集する．次に光触媒フィルターで汚れ成分を酸化分解・除去する．光触媒フィルターは酸化チタンをフィルター表面にコーティングしただけでは剥がれやすいので，シリカ系やアルミナ系のバインダーで固定する．光触媒作用のためには紫外線が必要なので，光触媒フィルターの近くに紫外線ランプを置く．最近は紫外線ランプに短波長 LED が使われてきている．LED を用いることで，空気清浄機の薄型化，省電力化が実現できる．

　光触媒はカビや微生物の表皮を酸化分解して殺すことができるし，窒素酸化物も酸化して硝酸にすることで除去ができる．しかし，光触媒は大量の物質を処理する

ことはできない．光触媒反応が表面反応であるし，活性酸素ができる効率が低いからである．光触媒の空気清浄機は大量の臭気物質が存在する場合は効率が悪いという問題点がある．光触媒フィルターの表面積を増やすために繊維状のものや多孔質の材料を用いた基板を用いて光触媒をコーティングしている．さらに，光触媒フィルターの前に HEPA フィルターを配置してより効率的に汚れを取っている．

　光触媒加工を施した抗ウイルスガラス，カーテン，ブラインド，壁紙なども普及している．これらは，蛍光灯や LED 照明などの室内光でインフルエンザウイルスやノロウイルスの不活性化を実現している．これらは有害物質の分解・除去，タバコ臭の除去にも有効である．

　光触媒を用いた空気清浄機はホテルの鮮魚加工所，レストランのゴミ処理施設，病院や研究所などの実験動物施設などで設置が進んでいる．また，東海道山陽新幹線の車両にある喫煙ルームには天井裏に光触媒式空気清浄機が働いている．

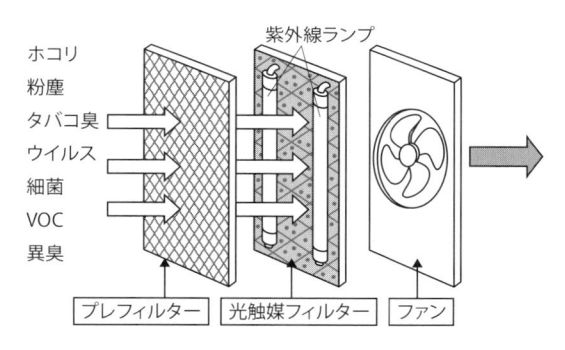

図 10-3　光触媒を用いた空気清浄機の構造
　［出典：藤嶋　昭・村上武利　監修・著『光触媒ビジネスのしくみ』日本能率協会，2007］

　ま **と** **め**　　空気清浄機は室内に浮遊する粉塵，花粉，臭気を取り除く．ファンによって空気を吸い込んで HEPA フィルターで濾過する方式が普及した．その方式では分子状の気体は取り除けないので，最近光触媒を用いた空気清浄機がいろいろな場所で使われている．汚れの粒子や気体を酸化分解して取り除くことができるので，シックハウス対応，ウイルス，細菌，タバコ臭にも有効である．

4話　冬暖かく夏涼しく暮らすためには？

　冬暖かく夏涼しくするには，エアコンを使うことになる．冷暖房によるエネルギー消費を抑えるためには部屋の断熱性を高くすることが望ましい．

　断熱性が高い家とは閉め切った家ではなく，「閉じたいときに閉じられる家」である．寒い季節や暑い季節は開口部を閉じ，春や秋など気候のよい季節や湿気の多い季節の晴れた日では，自然の風を取り込む．断熱性だけでなく採光や換気も考えて，窓の配置や形・大きさ・数などを決める．

　家の断熱構造は，**図 10-4** に例を示すように，外気に接している天井・外壁・床とするのが一般的である．開口部には断熱性が高い複層ガラスが望ましい．また，冬の寒さが厳しい地方では窓ガラスを二重にする．

　断熱材は熱伝導率の値が小さいほど性能が高くなる．断熱材には，無機質繊維系，木質繊維系，発泡プラスチック系などの種類があり，断熱性能も異なる．無機繊維系断熱材にグラスウールとロックウールがある．グラスウールは価格が安いこともあり最も一般的に使われているが，施工時に隙間なく施工することが難しい．断熱性能は断熱材の厚みや施工方法にも影響される．

　窓の大きい家より小さい家，凹凸の多い家より立方体や直方体に近い家のほうが断熱性能は高くなる．しかし，断熱材をたくさん入れて窓を小さくし，気密・断熱性を高めるだけが住みやすい家とはいえない．通気性や換気性などもカビの発生や

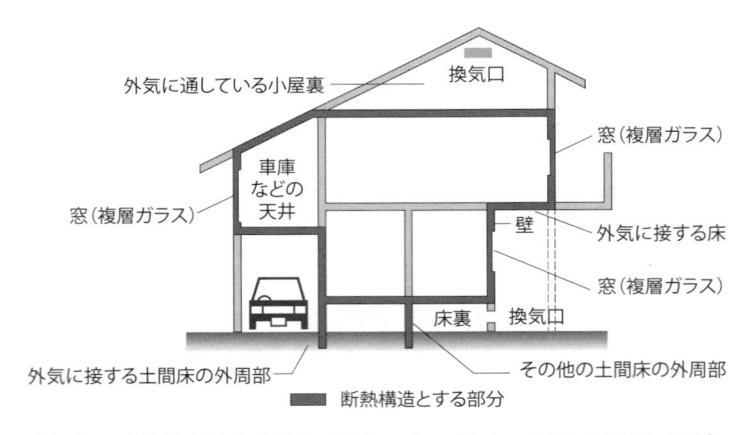

図 10-4　断熱を配慮した住宅 ［出典：メープルホーム HP を参考に作成］

有毒ガスの滞留を防ぐうえで重要な要素である．開口部は断熱サッシや複層ガラスにするのが望ましい．また，なるべく冷暖房を使わずに快適に暮らす工夫が必要である．例えば，夏の日射を避けるため，西日が当たる窓にはカーテンやブラインドを掛けたり，窓の外にすだれを掛ける．冬は，カーテンを二重にしたり，窓よりひとまわり大きなカーテンや，床まである長いカーテンを掛けたりするのも効果がある．

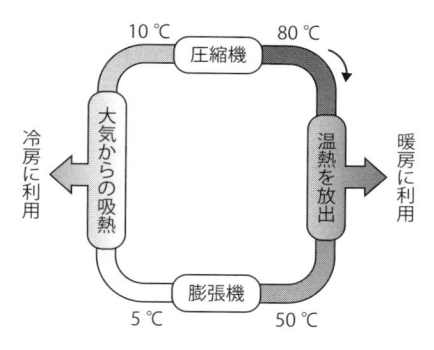

図 10-5　気体液化ヒートポンプの仕組み

　近年，エアコンは暖房と冷房の両方が使えるタイプが多くなっている．**図 10-5** は気体液化ヒートポンプの仕組みを示す．冷房運転時は膨張機からの冷風を利用する．冷房の原理は，注射のときにアルコールで消毒をすると腕が冷たくなるのと同じである．液体が蒸発すると持続的な冷房ができないので，蒸発した気体を圧縮機（コンプレッサー）で凝縮して液化し，循環する．圧縮機で凝縮するときに余分の熱が発生するのでそれを室外機から逃がす．暖房運転時は，圧縮機で高圧・高温になった冷媒を室内に送り出す．冷媒には代替フロンが使用されているが，オゾン層への影響が少ない炭化水素などへの代替が進んでいる．

　エアコンでの暖房は暖かい空気が軽いので上方に集まる傾向があるので，足元が暖まらない．それを解決するには床暖房が望ましい．床暖房には電気式と温水式がある．電気式は深夜電力を使って蓄熱材を高温にしておき，それを昼間に循環する．温水式はガスや灯油などを燃やして温水をつくり，循環する．電気式は初期コストが安いが維持コストがかかる．温水式は初期コストがかかるが維持コストは安い．多くの部屋を同時に長時間床暖房するのに適している．

> ⓜⓣⓜ　冬暖かく夏涼しく暮らすために住宅の断熱性と採光や換気のしやすさが求められる．断熱材の施工箇所は外気に接している天井・外壁・床とし，開口部には複層ガラスを用いる．近年，エアコンは暖房と冷房の両方が使えるタイプが多くなっている．暖房では暖かい空気が上方に集まる傾向があるので，足元が暖まらない．そのため床暖房が望ましい．

5話　どんな照明が良いか？

照明というと，明るいか暗いかや電気代がどれだけかかるかに関心が向きがちである．しかし，まぶしい太陽光は好ましいものではないし，落ち着いた雰囲気の喫茶店では蛍光灯の白色光よりも赤みのある暖かい感じのする照明が用いられる．目的に応じて照明方法が変わってくる．

照明には太陽光，白熱電球，蛍光灯，LED 照明などが使われる．このうち太陽光は白色をしているが，これは太陽の表面温度が約 5 800 K と高温であるためである．このため正午近くの太陽光の色温度*は 6 000 K 程度になる．白熱電球はガラス球に封じられたタングステンフィラメントに通電することによって光を発する．フィラメントの温度はそれ程高くできないので 60 W 電球の場合に色温度は 2 400 〜 3 000 K と低く赤っぽい色となる．蛍光灯は，放電で発生する紫外線を蛍光体に当てて可視光線に変換する．色温度は 4 200 〜 6 500 K と白色光となるが，応答速度は 1 〜 2 秒かかる．LED 照明には青色 LED から出る光を蛍光体にあてて白色光にしたものが多く使われている．色温度は蛍光灯に近く，応答速度が 0.1 μs と速く，寿命が 4 万時間と長いのが特徴である．近年，有機 EL 照明が登場した．基板に形成された電極で挟まれた有機材料に電気を通すことによって発光するもので，面光源で薄くて軽いのが特徴である．光の三原色（RGB）を発光させているが RGB それぞれの明るさを調整することでさまざまな色を実現できる．

身近な照明から出る光束（人が感じる光の量）をルーメン（lm）の単位で表すと表 10-1 のようになる．これから，60 W の白熱電球，15 W の蛍光灯，10 W の LED 照明がほぼ同等の光束となる．ただ，それぞれの発光の仕組みが違うので，発光効率（ランプ効率）は大きく異なる．表 10-1 から，ランプ効率は蛍光灯と LED 照明はほぼ同等で，白熱電球に比べて数倍大きい．

表 10-1　身近な照明から出る光束とランプ効率

	光束（lm）	ランプ効率（lm/W）
白熱電球（60W）	810	13.5
蛍光灯（直管型 37W）	3 560	96
蛍光灯（電球形 15W）	780	75
LED 照明（入力 6 〜 10W）	300 〜 800	70 〜 100

　部屋の明るさは照明で物が照らされる明るさ（照度）でルクス（lx）の単位で表される．光束が大きくても，照明との距離が離れていたり，家具などで照明の光が遮られたりすると照度が小さくなる．一般に，照度（lx）は光束（lm）/ 照らされた面積で表される．照度基準は，ショウウインドウの重要な棚では 2 000 lx，手術室が 1 000 lx，細かい字を読む場合は 500 lx，学校の教室が 300 lx，家の書斎，応接室などは 100 lx，喫茶店の客室が 30 lx とされている．

　晴れた日の太陽光のもとでは，はっきりとした影ができるが，蛍光灯でははっきりとした影はできない．このとき，太陽光を硬い光と呼び，蛍光灯を柔らかい光と呼ぶ．晴れた日の太陽光，白熱電球，LED 照明，ろうそくの火など見かけの光源が小さいものは硬い光となる．一方，蛍光灯や有機 EL 照明などでは光源のサイズが大きいため影がぼんやり見えて柔らかい光となる．昔の提灯ではろうそくの火を和紙で覆って柔らかい光を実現していた．有機 EL 照明では，0.1 μm という超薄，超軽量で柔軟性のあるプラスチック素材を使って，今までの丸や四角の常識にとらわれないデザイン性の高い照明も登場している．

　硬い光の照明を柔らかくするために拡散光が使われる．カバー付き照明は拡散光を利用して照明を柔らかくする．さらに，光源を天井に向けると天井で反射していろいろな方向に光が出るので光は柔らかくなる．半透明のカバー付き照明だと一部の光が天井方向に行くので光は柔らかくなる．

　人間の生活サイクルに合わせた照明も求められる．昼間は仕事など活動的に過ごすことが多いが，そんな時は照度が高く色温度の高い寒色系の照明が好まれる．一方，夕方から夜にかけてはくつろぎやすい色温度が低く暖色系の照明が好まれる．

＊ 色温度：色を黒体の温度に対応する波長分布で表現することができる．温度が低いと暗い赤色で，温度が高くなるにつれて黄色みを帯びた白になり，さらに高くなると青っぽい白になる．

⎧　（ま）（と）（め）　照明は昼に活動するときは照度の高い白色光が好まれるが，夕方にくつろぐときは赤みのある暖色系が用いられる．照明には太陽光，白熱電球，蛍光灯，LED 照明などが使われるが，色温度，応答速度，寿命などが違うので，目的に応じて使い分ける．照明を影がつきにくい柔らかい光にするために，カバー付きにしたり，天井に向けたりする．

6話　騒音を防ぐには？

　私たちが生活をするうえで何らかの音を発生することが避けられない．近所どうしの間で一番多いトラブルは騒音である．特にマンションでは多くの家族が壁を隔てて住むため，子供が歩き回る音，水を流す音，ペットの鳴き声，ピアノの音などが聞こえてしまう．自動車や電車の走行音，飛行機やヘリコプターの音などもある．環境省は，住宅地域における騒音の環境基準を，昼間（AM 6：00 ～ PM 10：00）は 55 デシベル（dB）以下，夜間（PM 10：00 ～ AM 6：00）は 45 dB 以下と定めている．人の通常会話は 50 ～ 60 dB 程度で，40 dB が静かだと感じるレベル，60 dB がうるさく感じるレベル，80 dB がうるさくて我慢できないレベルである．エアコンの音が 50 ～ 60 dB，給排水，テレビ，洗濯機の音が 60 ～ 70 dB，掃除機やステレオが 70 ～ 80 dB，ピアノや犬の鳴き声が 80 ～ 90 dB である．騒音による健康被害としては，心理的不快感，イライラ，ストレス頭痛，睡眠妨害，難聴，集中力の低下などがある．

　音は固体，液体，気体を振動させると，波（音波）の形で周囲に伝わる．例えば太鼓を叩くと太鼓の皮の振動が空気の疎密波となって周囲に伝わり，近くにいる人の耳の鼓膜を振動させるので音として感じられる．真空中だと振動が伝わらないので音波は伝わらない．空気中を伝わる音が壁にあたると，一部が空気中に反射し残りが壁の中に侵入する．侵入した音のうち一部は壁に吸収され，残りは反対側に抜けて透過する．建具や壁のすき間からの音のもれや天井裏などを通じて隣室に音が伝わる．音は伝わる過程で四方八方に拡散しながら小さくなっていく．また途中に遮蔽物があると，音はその裏側には直接伝わらないので小さくなる．

　音の大きさは音源だけでは決まらないで，音源と接している振動系のすべてが関係する．例えば，エアコンの室外機では，モーター，圧縮機，熱交換器，送風機が騒音の発生源である．圧縮機のピストンの往復運動によって間欠的なガスの圧送が行われるのでクランクシャフトのサイクルを基本周波数とする騒音が発生する．騒音はこれだけにとどまらず，配管系を振動させ，さらに長い銅パイプでできた熱交換器を振動させる．また，室外機には熱を外に放出するための排気ファンがついている．排気ファン自身も騒音の発生源の一つであるが，圧縮機，熱交換器，排気ファンが一つの筐体として振動源となりうる．室外機の固定方法が不完全だと騒音レベルが上がってしまう．また，室外機は壁を経由して音が室内にも入り込む．

　音の発生源には回転運動や往復運動を伴う機械類が多い．回転運動や往復運動に伴って振動が発生する．その振動を抑制するために，ゴム，樹脂，制振合金などの制振材が用いられる．ゴムや樹脂は粘弾性があるので，粘性要素によって振動が減衰する．制振合金には複合型，強磁性型，転移型，双晶型と種類があるが，いずれも粘性要素があって振動が減衰する．制振材はいくつかのタイプのものを組み合わせて振動基盤に接着して用いられる．

　音のエネルギーを音源から受音者に伝わる途中で吸収する吸音材を用いる方法がある．吸音材は音が表面で反射しないように表面を柔らかくする．さらに，吸音材内部に入った音を外に出さないようにするため，内部へ進むにしたがって密度を大きくする．あるいは，音が何回も反射しながら減衰するような構造にする．吸音材としては，空洞や毛細管状の穴がある多孔質吸音材がある．グラスウール，ロックウール，発泡樹脂，天然繊維などがある．薄膜型吸音材は，音波によって振動する薄い膜や板で，薄い石膏ボード，合板，金属板，ビニルシートなどがある．また，穴がたくさんあいた板を用いて共鳴現象を利用した吸音材もある．

　音が音源から受音者に伝わる途中で塀やパネルなどを立てて静音化する方法もある．工場周辺の塀や高速道路の塀などがこれにあたる．音は塀の上端で回折するが，塀による音の減衰は塀が高いほど，音の周波数が大きいほど大きくなる．遮音壁に多孔性のコンクリートや多孔性のセラミックスなどを用いると吸音性も寄与して遮音の効果が上がる．

表 10-2　騒音の防止方法

発生源対策	振動源を制振：制振材の利用
	二次振動の抑制：つなぎ部分の制振，機器の締め付け
音波伝達の抑制	吸音材の使用：多孔質型，薄膜型，共鳴型
	遮音壁の使用：反射型，吸音型

　まとめ　私たちが生活をするうえで何らかの音を発生することが避けられず，健康を害することもある．音の大きさは音源だけでなく，音源と接している振動系がすべて関係する．発生源の対策としては，振動源に制振材を利用すること，つなぎ部分の制振や機器の締め付けがある．音波伝達の抑制には，吸音材や遮音壁の使用がある．

7話　ピアノ騒音のトラブル対策は？

　騒音は不快に感じる音という意味合いがあるが，不快の感じ方は個人よって大きく異なる．ピアノは，音楽好きな人にとっては心地よい音が，そうでない人にとってはうるさい音となる．見たくないものに対しては目を閉じればよいが，うるさい音に対しては耳栓をするか耐えるしかない．隣りのピアノや飛行機などの音のために耐え難い思いをしている人にとって騒音は深刻な問題である．ピアノを教えて生計を立てている人などにとって騒音トラブルは死活問題である．ピアノ騒音の苦情を受けた場合は，その人の暮らしぶりを把握して，どの時間帯が特に迷惑なのか，どの程度騒音レベルを下げればよいのか把握する．近所同士で良好な関係を保つことが，トラブル解決に重要である．

　ピアノはたくさん並んでいる鍵盤を叩くことで，音を出す．鍵盤を叩くと，ハンマーがはね上がり，弦を下から打つ．その衝撃で起きた弦の振動を大きく伝える響板が澄んだ音や豊かな響きを生む．鍵盤を強くたたくと弦は大きく振動して音が大きく，優しく押すと音は小さくなる．ピアノの音は主として弦の振動が空気の疎密波となって伝搬する．弦の振動はピアノ本体を通じて床や壁にも伝搬する．

　ピアノの騒音レベルを下げるには，床や天井，壁などを厚くするとよい．既にできあがっている床，天井，壁などを厚くするのは困難なので，天井の下地に遮音シートを入れたり，吸音メラミンフォームやウレタン系防音材を天井に貼る方法がある．また，壁に遮音シートや防音パネルを貼るのも有効である．ただ，天井が低くなったり部屋が狭くなった感じがするのは避けられない．床は人が歩いたり家具を置いたりするため強度が必要なので，高分子系の多孔質防音材は使えない．ピアノのキャスターの下にゴム製の防振シートを敷き，防音タイルカーペットや厚手のカーペットなどで床全体を覆うことが望ましい．ピアノや家具の配置も重要である．二階建ての家であればピアノのある部屋は一階が望ましい．一階は部屋数が多く，部屋からの音の漏を配慮する面を外に接してしている一面だけに限定することができる．また，気になる壁面に本棚などの家具を置けば防音の役をする．

　一番問題なのは，窓などの開口部からピアノの音が漏れることである．ガラス窓は通常厚くても 5 mm 程度でガラスを通した音の漏れは小さくはない．さらに窓枠のアルミサッシにはレールの隙間やサッシ枠の隙間があり，ここから空気の振動が漏れ漏れになる．この問題を解決するには，二重サッシにすることが有効であ

る．外窓と新設した内窓との間にできる空気層が，音の伝わりを通しにくくする．外から入った音は，外窓のサッシの振動，サッシの隙間を通過した後，外窓と内窓のガラス間を反射するので緩和された音として内窓を通過し室内に入ってくる．外窓と内窓の間の空気層を広くすればする程，遮音

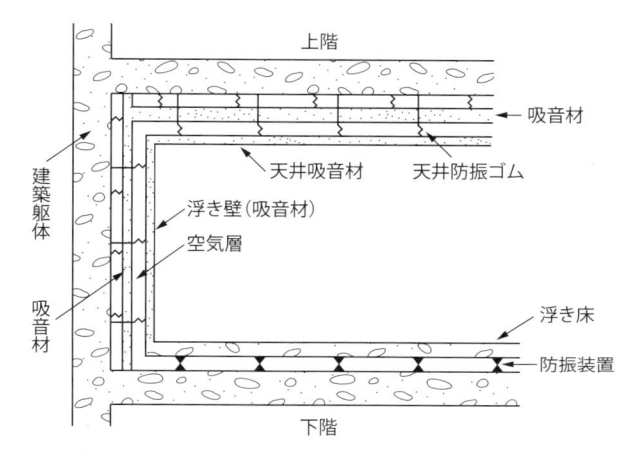

図 10-6　防音用浮き構造の部屋［出典：一宮亮一『静音化対策』工業調査会，2004］

性は高くなる．さらに遮音の効果を上げるには，窓際に防音カーテンを設置することが望ましい．

　アップライトピアノと壁の間に，毛布を突っ込んで音を消すという方法がある．ピアノはハンマーが弦を叩いて，その振動で響板が震えて大きな音になるが，アップライトピアノは背中部分に響板があるので響板近くのピアノ後部に毛布を置けば壁への振動が大きく減る．ただし，この方法はピアノの響き自体が変わるので，特に騒音レベルを下げたい場合にとどめる．

　費用がかかっても徹底的に遮音したいという場合は，**図 10-6** に示すような浮き構造の部屋にするという方法がある．音を漏れなくするには，密閉構造にすること，床，天井，壁などを二重構造にするとよい．浮き床や天井，壁には防振ゴムを使って二重構造の内部と外部の間の振動の伝搬を防止する．

　ま と め　　ピアノ騒音の苦情を受けた場合は，騒音レベルを下げる程度や時間帯を把握し，隣人と良好な関係を保つことが重要である．騒音レベルを下げるには，天井や壁に遮音シートや防音材を貼ること，床に防振シート，防音タイルカーペットなどで床全体を覆うこと，ピアノや家具の配置の工夫などがある．開口部からの音の漏れには二重サッシが有効である．徹底的に遮音したいう場合は，二重構造の部屋にして内外の部屋の間に防振ゴムを用いる方法がある．

コラム

室内の湿気調節

　梅雨の時期には，カビの発生，結露，ダニなどの害虫，押入れのニオイ，畳の表面の波打ち，壁やタンスの後ろのシミなどは湿気が原因のことが多い．

　除湿機にはコンプレッサー式とゼオライト式がある．コンプレッサー式は冷媒をコンプレッサーで圧縮して液体にして外気温ほどまで冷やす．その液体を急激に圧力の低いところに吹き出し，断熱膨張で冷やすと外に水が出る．空中の水分が水滴となって除去されるので，空気は乾燥するしくみである．クーラーでは，奪った熱は室外機から放熱するが，一体になっている除湿機ではそれができないので，冷えた空気と温かい空気を混ぜて吹き出す．その結果，コンプレッサーを動かすモーターが発熱するので空気の温度が 1 ～ 2℃だけ高くなる．コンプレッサー式は，空気を冷やして結露させるので，室温が 15℃より低い場合には，性能を発揮できない．それで，梅雨時など気温が高いときの除湿に向いている．除湿のための熱交換機に露がつくので，運転が終わったら送風にして乾かす．湿ったままだとカビの心配がある．エアコンも除湿機能がある．室温が比較的に高い場合は弱冷房にすれば，部屋の湿度も下がる．室温が低い場合は，除湿機を使ったほうが良い．

　ゼオライト式では，ゼオライトという鉱物の粒を充填した円盤に空気を通す．ゼオライトは非常に細かい孔を多く含んだ鉱物で，いろいろな気体を吸着する．空気を通すだけで乾燥するが，吸湿したゼオライトを乾燥する必要がある．ゼオライト鉱物の円盤上半分に空気を通した場合，それが回転して反対側にきたときに，ヒーターで温める．すると，水分が蒸発するのでゼオライトは乾燥し，吸湿性が回復する．ゼオライト方式の特徴は，寒いときでも除湿能力が衰えないことである．しかし，ヒーターを使うので，消費電力が大きい．

　冬に空気が乾燥すると，風邪をひきやすく，肌あれを起こしやすい．風邪のウイルスは低温乾燥では飛散量が増加する．空気が乾燥すると，ノドの粘膜が乾燥して炎症をおこしやすく，ウイルスを防御する力が衰える．また，寒気が肌の血行や新陳代謝を悪くして，肌の水分が不足して肌あれする．

　加湿器には，水を沸騰させて湯気を送り出すスチーム式，水を超音波で細かな粒々にして吹き出す超音波式，風を送って水を蒸発させる気化式の三つがある．冬場の乾燥対策には，観葉植物やコップの水を部屋に置いたり，ヤカンでお湯を沸かすだけでも加湿の効果がある．

第 11 章

災害と環境

近年地球温暖化の影響か，激しい気象現象が頻発している．この章では，都市型集中豪雨，竜巻，海面上昇，火山の噴火，都市の大火などを取り上げ，その原因と対策について紹介する．さらに，減災のための緑のダム構想や災害時の仮設市街地のプランなどについても紹介する．

1 話　緑のダムとは？

　2001 年に長野県の田中康夫知事が脱ダム宣言を行い，その主張の背景にある緑のダム構想に注目が集まった．緑のダムとは，人間の利便性や防災の必要性に合わせているかのように，河川の流量を調節する機能を発揮する森林のことをいう．河川の流量が多過ぎるときは洪水となり，流量が少な過ぎるときは渇水となり，いずれも災害をもたらすことを人類は幾度となく経験してきた．紀元前 2500 年ごろから，人類は水害や水不足を避けるために河川をせき止めてダムを造ってきたと言われている．初めは土で造られたが，やがて石積みとなり，コンクリートとなった．

　ダムの効用は，水を貯留して流域の需要地に生活用水，農業用水，工業用水を提供し，水力発電所を建設して電力を供給し，大雨による災害に備えるものである．一方，ダムの問題点には，ダムの底に沈む村落の日常の生活を奪い，数十年という長期間にわたって莫大な工事費が投じられ，アオコの発生や魚の遡上不能など流域の生態系を壊し，さらにはダムへの土砂の流入による貯水容量の減少がある．

　森林は河川の流量が多過ぎるときは水を一時貯留して流量を減らし，流量が少な過ぎるときは一時貯留していた水を流して流量を調節する機能があると言われている．雨水はまず樹木の葉に付着するが，残りは地面に落ちる．葉に付着してそのまま蒸発する雨水の量は，年間 300 mm 前後あり，年間雨量 1 500 mm に比べて無視できない．土壌に入った雨水は土粒子の隙間に入るが，比較的大きな間隙に入った水はゆっくり下に流れる．細かい間隙に入った水は重力では流れ出ず，植物が根から吸収し葉から蒸散によってのみ除去される．降雨が続くと土壌の岩石が風化した部分の空隙に水がたまりやすい．降雨が十分続くと，土壌の間隙内の水分量が増加して水の通り道が拡大し，その部分が鉛直下方に伝わる．また，降雨が弱くなったり止んだりすると，水の通り道は小さくてすむので，土壌水分量は低下する．つまり，不飽和土壌では貯留量変動が生じ，土壌内の水が増えたり減ったりする．これにより，降雨強度の変動に遅れをもたらし，降雨強度の変動をなだらかにする役目をする．しかし，森林の水の貯留作用には限度があり，一度に 50 mm 以上の降雨があると地下水や表層水となって河川に流出する．したがって，緑のダム構想で大雨による洪水の予防を森林に期待するとすれば，的外れと言わねばならない．

　田んぼダムというのは新潟県が 2002 年より取り組みはじめ，2012 年には県内の 11 市町村にまたがる 539 ヘクタールの面積で実施されている．これは**図 11-1**

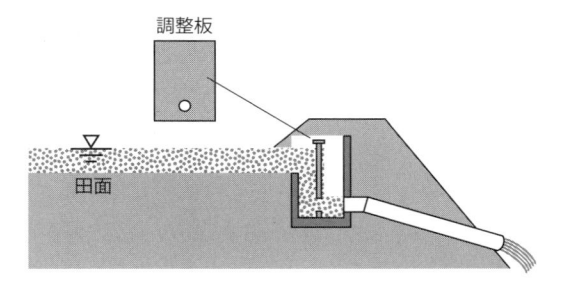

図 11-1　調節板方式の田んぼダム［出典：蔵治光一郎・保屋野初子編
『緑のダムの科学』築地書館，2014］

に示すように水田から農業用水路への排水桝に調節板を設置するだけのものである．降雨の激しいときは，調節板の排水穴を小さくして雨水の流出量を絞ると雨水は水田に貯留されることになる．これは大掛かりな土木工事を必要としない安価な事業である．この方式は短期の集中豪雨型であるほど効果が高いという．これは，国土交通省が農林水産省と協力し，農家への所得保障をしながら実施して行くべき課題ではないかと考えられる．

　緑のダム構想は，森林の水貯留能力に期待したようであるが，森林には豪雨による洪水防止はあまり期待できない．森林の整備は水害被害の拡大防止のために行うべきである．では，豪雨に備えてダムを建設すべきであろうか？　ダム建設には長い年月と莫大な予算がかかる．今後，人口減少が予測されているので，水の需要も減ると考えられる．ダム建設ではなくて，田んぼダムやその延長にある農業用ため池や遊水池などを設置すれば予算を多くかけないで，豪雨に備えることができる．また，ダム建設のために従来は予算が回ってこなかった，堤防整備，河床整備，川幅拡張などを行えば洪水を防止することができる．

　まとめ　　ダムの効用は水を貯留して生活用水などを提供し，水力発電所を建設し，大雨による災害に備えるものである．ダム建設には莫大な予算と期間を使い，生態系を壊すなどの問題点がある．緑のダム構想は，森林の水貯留能力に期待したが，森林による洪水防止の効果はあまり期待できない．今後は，人口が減り水需要も減ると予想されるので，ダム建設ではなく，洪水の予防には，田んぼダム，遊水池，森林整備，河川改修などで対応すべきと考えられる．

2 話　都市型集中豪雨とは？

　都市型集中豪雨とは都市に短時間，局地的に降る大雨で，ゲリラ豪雨ともいう．1999 年 7 月 21 日の練馬豪雨では午後 3 〜 4 時に 1 時間雨量が 131 mm という記録的な雨量を観測した．冠水した道路からあふれた水が地下室に流れ込んで人が亡くなっている．1 時間雨量が 100 mm を超すような雨は台風でも滅多に降らない．豪雨の範囲は局地的で，中心からおよそ 40 km 以上離れた地域ではほとんど降ってない．また，2005 年 9 月 4 日の杉並豪雨では深夜から 5 日の未明にかけて，杉並区，練馬区，中野区で 1 時間雨量が 100 mm を超えた．この豪雨は練馬豪雨に比べて 3 〜 4 時間と比較的長時間続き，豪雨の範囲も比較的広かったが台風や前線による雨と違って局地的短時間であった．

　都市型豪雨の発生原因を理解するうえで，環状 8 号線の上空に現れる「環八雲」と呼ばれる不思議な雲の列がヒントになる．典型的な環八雲は夏型の気圧配置の下で気温の高い午後に発生する．そのような気象条件では，冷たい海からの風（海風）が陸地に向かって吹き付ける．午後には東京湾からの南東からの海風が，相模湾からは南西からの海風が吹く．一方，ビルへの日射と冷房廃熱，クルマからの廃熱でヒートアイランド現象が起こり，午前中は都心部が最も気温が高い．そこに海風が吹きこんだため，気温の高い部分は風下に移動し，午後 3 時ごろにはちょうど環状 8 号線が高温の中心になった．環状 8 号線付近で南東風と南西風がぶつかると，ほかに行く場所がないので上昇するしかない．その地点は高温なので上昇流は強くなる．また，海風は湿った空気をたくさん含んでいるし，環状 8 号線付近は大気汚染のため水滴の凝結核となるエアロゾルをたくさん含んでいるので雲を形成しやすい．環八雲は夏型の気圧配置による海風，東京のヒートアイランド現象および大気汚染がもたらした結果である．

　練馬豪雨や杉並豪雨は東京のヒートアイランド現象と関連がある．一方では，このような都市型豪雨は毎年必ず起こるわけではない．では，練馬豪雨などが起こる要因としてほかにどのようなことが考えられるのだろうか？　練馬豪雨があった 1999 年 7 月 21 日の気象条件によると，12 〜 14 時に練馬付近は 33.5 ℃程度と高い気温であった．当日は東京湾からの南東の風，相模湾からの南南西の風に加えて鹿島灘からの北東の風が練馬方面でぶつかり（収束し）上昇流が強くなって 15 〜 16 時の間に 1 時間に 100 mm を超える大雨が降った．練馬豪雨の特徴は 3 方

向からの海風が収束する地点であることである．その時の雨量を決定するのが，南からの暖かく湿った空気の流入の程度と上空の寒気の程度である．上空と地上付近との温度差が大きくなるほど大気の状態がより不安定になり，上昇気流がより強くなって，大量の降雨をもたらす．

　2000 年 9 月 11 〜 12 日に名古屋市を中心とする記録的な集中豪雨（東海豪雨）があった．総雨量 567 mm，1 時間雨量 97 mm を記録した．愛知県内で堤防の決壊，河川の氾濫が相次ぎ，死者 7 名，床上浸水 26 531 世帯という被害となった．当日の天気図では，北海道の東の海上に中心を持つ低気圧から延びる秋雨前線が停滞し，九州の南海上に大型で非常に強い台風 14 号がゆっくり北西に進んでいた．台風は東海地方から 1 000 km 以上も離れていたので直接の影響はなかったが，台風の東の縁に沿って南南東から暖かく湿った空気が大量に秋雨前線の南側に流れ込み，大雨となった．東海豪雨は都市の豪雨でも，練馬豪雨とは原因と降り方がかなり違う．

　2005 年 9 月 4 日の杉並豪雨では杉並区下井草で総雨量 264 mm を観測し，都内では神田川などの中小河川が氾濫し，約 3 200 棟が床上・床下浸水した．東京都心を走る環状 7 号線の 40 m の地下には巨大なトンネルがあり，そこに 24 万トンの水を貯められる調整池がある．この豪雨で調整池に水を導入したところ約 1 時間で調整池が満杯になった．そのとき地下調整池の 2 期工事分（貯水量 30 万トン）は 9 月 17 日から使用開始の予定であった．2004 年 10 月に台風 22 号が来襲したときはこの調整池に水を導入したが満杯になることはなかった．

　都市型集中豪雨を防ぐにはヒートアイランド対策が必要になる．ヒートアイランド対策としては，東京都が義務づけている屋上緑化のさらなる拡充，ビルの遮熱塗装，水辺や道路の緑化，エコカー採用への誘導，ビル冷房の空冷から水冷への移行，道路の保水性舗装または遮熱性舗装などが考えられる．

> （ま）（と）（め）　都市型集中豪雨とは都市に短時間，局地的に降る大雨である．夏の午後から夜にかけて 1 時間雨量が 100 mm を超える豪雨が練馬区や杉並区などで観測されている．これらの豪雨の原因としては，ヒートアイランド現象による東京北西部の高温化といくつかの海風がぶつかり合う地点が重なることが考えられる．都市型集中豪雨への対策としては，水を貯める調整池を設けること，ヒートアイランド対策を行うことなどが考えられる．

3話　竜巻はどのように発生するか？

　竜巻は突風の一種で，発達した積乱雲の下で地上から細長く延びた高速な渦巻き状の上昇気流のことである．竜巻はスーパーセルと呼ばれる巨大積乱雲の中で発生し，水平規模は，平均で直径数十 m から 1 km 以上に及ぶ.

　スーパーセルの中では，上昇気流の中心部分の気圧が低くなり，反時計回りに気流が渦を巻いて回転し，メソサイクロンと呼ばれる小規模の低気圧ができる．渦が発生する理由はスーパーセルの中で速度や方向の違ういくつかの風が存在することによる．水の流れが一様でないところに木の葉で作った舟を置くと回転しはじめるのと同じ原理で，風の流れの違いが渦を発生させる．この渦は**図 11-2**(a)のように，速い風と方向の違う遅い風が近くにあると気流の渦が発生する．この渦は初めは水平方向に伸びているが，上昇気流によって（b）に示すように，持ち上げられるとメソサイクロンとなる．上昇気流が強いとメソサイクロンは鉛直方向に立ち上がり，反時計回りに回転する．メソサイクロンの周囲を回転する空気には遠心力が働き渦の外側に引っ張られるため，中心部の空気が薄くなって気圧がさらに下がる．気圧が下がることでさらに周囲の空気を巻き込む．メソサイクロンの気圧が低いほど渦の幅が狭いほど風が強くなる．メソサイクロンの中で小規模で短命な気流の渦が多数現れては消えることを繰り返す．このような多数の渦のうちのごく少数の渦が発達して上昇気流と結び付いて，竜巻に成長すると考えられている．竜巻の中央部分には無風状態に近い眼の部分があるらしい．眼の大きさは数 m から数十 m で，下降気流であるため雲が発生しない．また，竜巻は単一の渦だけでなく，複数の渦からできていることがある．竜巻の中央付近は下降気流が支配的で，下降気流が地面

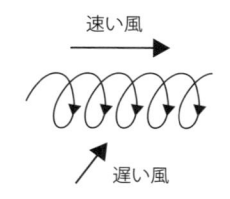

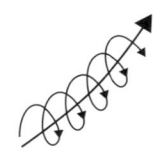

（a）速い風と方向の違う遅い
　　風により渦が発生

（b）渦に上昇気流が吹き付けて
　　メソサイクロンが発生

図 11-2　発達した積乱雲の中でメソサイクロンが発生する機構

にぶつかると，反射によって上昇気流の渦が周囲にいくつも発生してメソサイクロンになり，複数の小さな竜巻になると考えられている．小さな竜巻のほうが大きな竜巻に比べて風速が大きいので被害が大きくなる．

　竜巻の進行方向は，親雲の移動方向に左右される部分が大きく，北半球では北東の方向に移動する傾向があるが，台風とは異なって，大きく蛇行したり，規則性のない進路をとる竜巻も多い．

　竜巻の発生しやすい天候としては，台風の接近などによる熱帯低気圧の通過時，温帯低気圧，寒冷前線，停滞前線の通過時，上空への寒気や乾燥空気の流入，下層への暖湿流の流入による大気の不安定時である．日本の竜巻は 9 月と 10 月に多く発生している．日本の竜巻は台風に伴う積乱雲によって発生することが多いからである．また，関東地方は竜巻が多く発生しているが，東京都心の山手線の内側はほとんどない．これは，高層ビルが乱立する地域では，大気に摩擦力が働いたり風の流れが変わったりして竜巻の生成が阻害されるためと考えられる．

　竜巻の予兆，前兆としては，真っ黒な雲，垂れ下がった雲などが現れる，空が急に暗くなる，風が急に強くなり風向が急に変わる，雹が降る，木の葉や枝，建物の残骸，土や砂などの飛散物が上空を飛ぶ，気圧の急降下，急上昇によるキーンという音や耳の異常が起こる，激しい気流の渦に伴う轟音，飛散物の衝突に伴う衝撃音などを感じる場合である．

　竜巻の強さの程度として，シカゴ大学名誉教授の藤田氏による藤田スケール（F-scale）が国際的に広く用いられ F0 ～ F5 まである．F3 は強烈な竜巻で，風速 70 ～ 92 m/s，建て付けの良い家でも屋根と壁が吹き飛び，列車は脱線転覆する．F4 は激烈な竜巻で，風速 93 ～ 116 m/s，車は大きなミサイルのように飛んで行く．F5 は想像を絶する竜巻である．アメリカでは，年間 1 000 個前後の竜巻が発生し，F5 という最大級の竜巻の例もある．日本で発生する竜巻は，記録されているものに限れば，最大で F2 のものが時々発生し，数年に 1 度 F3 クラスが発生している．

　ま と め　　竜巻は発達した積乱雲の下で地上から上空に延びる渦巻き状の上昇気流である．積乱雲には軽く暖かい上昇気流と重く冷たい下降気流の領域がある．上昇気流の気圧が低くなると，反時計回りに気流が渦を巻いて回転しはじめる．冷たい下降気流と暖かく湿った上昇気流が衝突している前線面では大きな風速差や気流の乱れが生じる．ここで発生した気流の多数の渦のうち，ごく少数の渦が発達して上昇気流と結びついて，竜巻に成長すると考えられている．

4話　地球温暖化で海面上昇が進んでいるか？

気候変動に関する政府間パネル（IPCC）第5次報告書によると，北半球の平均気温は 1000 ～ 1880 年まではほぼ一定だったが，1880 年から 2012 年まで 0.85 ℃ 上昇していると評価されている．2018 年時点では，約 1℃ 上昇していると報告されている．地球温暖化によって海面上昇や激しい異常気象の増加を引き起こす可能性が指摘されている．

海面上昇が起きている例として，南極の氷舌（氷床が海に向かって張り出した部分）が氷床から分離して氷山となる事実とか，北極海の氷山が溶けて白クマの生息域が狭くなったことなどが挙げられている．しかし，それらの事実から直ちに海面上昇が起きているとは言えない．地球の全海水域からの年間蒸発量は海洋表面の 1.16 m に相当する．蒸発した水のほぼ全量が雨や雪となって全地球上に降り注ぎ，海洋に戻ってくる．そのうち南極大陸に雪となって降るのは 5.5 mm に相当する水の量である．もし，南極に降った雪がそのまま残るとしたら，海面は年間 5.5 mm ずつ低下する．南極の氷舌が氷床から分離して氷山となる量が年間 5.5 mm に相当する量より多いか少ないかが問題になる．北極海の氷山が溶ける問題については，氷山が溶けても海水の量は変わらない．それについて，**図 11-3** を用いて示す．今 1 g の氷を 100 g の水が入ったコップに浮かべたと考える．氷の密度は 0.917 g/cm^3 なので 1 g の氷の体積は 1.091 cm^3 である．氷を水に浮かべたとき，氷の重力は 1 g 重で浮力 1 g 重と釣り合っている．浮力は 1 g 重なので氷の水中にある部分は 1 cm^3 で，氷を水中に浮かべたことによってコップ中の水の体積は 101 cm^3 となる．この氷が溶けたとしても 1g の氷が溶けるのでコップ中の水の体積は 101 cm^3 となる．したがって，北極海の氷山が溶けても海水の体積は変わらない．ただ，海水は塩分を含むので，その密度は水の密度 1 g/cm^3 より少し大きいので厳密には違ってくる．

南極の氷舌が氷山となって海に移動する現象が海面上昇につながるかは，定量的な観測がなされないと結論は得られない．南

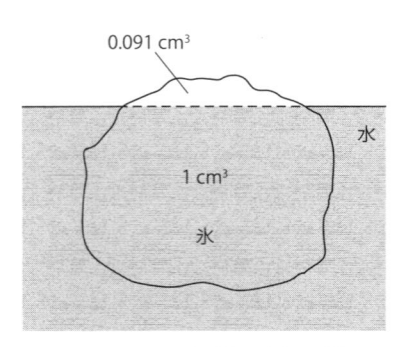

図 11-3　1g の氷が水に浮かぶ様子

極西側にあった B-22 と呼ばれる千葉県の面積ほどある巨大な氷舌がアムンゼン海に超巨大な氷山となって移動するなど，氷舌の崩壊が多く観測されている．また，過去数十年間に南極の海水温が 0.2 ℃上昇している．これらの事実から，南極の氷舌の崩壊が海面上昇を引き起こしていると考える研究者が多いようである．IPCC 第 4 次報告書によると，1993 〜 2003 年の間に衛星高度計によって測定された海面上昇は年間 3.1 mm で，その要因として，熱膨張が 1.6 mm，氷河が 0.77 mm，南極氷床が 0.21 mm，グリーンランド氷床が 0.21mm としている．この中で熱膨張の寄与が最も大きいが，これは海水温が上がることによる海水の体積が膨張する寄与である．

　過去の海面の変化のデータを見ると，12 万年前の地球は温暖な気候で，現在と海面の高さはほぼ同じであった．その後寒冷化が進み，1 万 8 000 年前には現在より 130 m も海面が低かった．その後地球は温暖化し，現在に至っている．ただ，20 世紀からの海面上昇が過去の速度よりはるかに大きく，IPCC 第 4 次報告書によると，2100 年までの海面上昇が 19 〜 58 cm になると推定されている．

　海面上昇が予測どおりに進むとどうなるか．インド洋の島国モルジブや太平洋のポリネシアに浮かぶ島国ツバルでは，今後島の大半が水没する危機にある．オランダでも国土の 1/3 が海面下にあり，大部分の人口がそこに集中している．そのため，堤防の拡張工事がなされている．アジアではバングラデイッシュが深刻で，国土の 10 ％以上，特に主要な稲作地帯が水没すると見られている．さらに，ニューヨークのマンハッタンは川に挟まれた島なので被害のおそれがある．北東風やハリケーンによる高潮や洪水の被害が既に起きている．日本では，東京湾，伊勢湾，大阪湾を中心に，満潮時地盤が海面よりも低くなるゼロメートル地帯があり，その居住人口が 400 万人に及ぶ．対策としては，防潮堤のかさ上げ，堤防の二重化などが検討されている．

　⓶⓪⓶　気候変動に関する IPCC 第 5 次報告書によると，北半球の平均気温は 1880 〜 2012 年まで 0.85 ℃も上昇しているとされている．これに伴う海面上昇が懸念されている．海面上昇は年間 3.1 mm で，その要因として，熱膨張が 1.6 mm，氷河が 0.77 mm，南極氷床が 0.21 mm などとされている．海面上昇により，オランダやバングラデイッシュで深刻な危機が予想されている．日本では，東京湾，伊勢湾，大阪湾のゼロメートル地帯が危険であると言われている．

5話　火山災害に対処するには？

　地球の表面は 12 枚のプレートと呼ばれる板状の岩盤で覆われ，プレートの下にあるマントルの熱対流によって毎年数 cm ずつ動いている．日本付近では，太平洋プレート，フィリピン海プレート，北米プレート，ユーラシアプレートが存在している．それらのプレート境界付近は火山が形成されやすい場所である．

　火山形成の仕組みについて**図 11-4** に示す．太平洋プレートが日本海溝付近で北米プレートに沈み込み，その歪みエネルギーによる熱で海水を含んだマントルが部分溶融してマグマが発生する．岩石が水を含むと融点が下がるからである．溶融したマグマは周囲の岩より密度が小さいので浮力によって岩の裂け目を通って上昇し，地下数 km のところにマグマ溜りをつくる．**図 11-4** の例では太平洋プレートが北米プレートの下に西方向に向けて沈み込んで，日本海溝の西側に火山が形成される．日本付近の火山帯の位置を**図 11-5** に示す．ここで，白丸は活火山を示す．東日本火山帯は日本海溝とほぼ平行に西側数百 km 離れた位置に形成される．フィリピン海プレートはユーラシアプレートの下に北西方向に向かって沈み込んでいるので，西日本火山帯は南海トラフの北西側にある．また，伊豆東部火山群は伊豆半島の東部から東方沖の海底火山へと続いている．

　火山国日本では，火山災害が繰り返されてきた．阿蘇山の 9 万年前のカルデラ噴火では，火砕流は九州中部から山口県に達し，火山灰は朝鮮半島からロシア沿海州にまで広がった．1783 年に起きた浅間山の噴火では，地元で約 1 200 名の犠牲者が出て，火山灰による低温の影響で農作物が生育せず，天明の大飢饉となった．

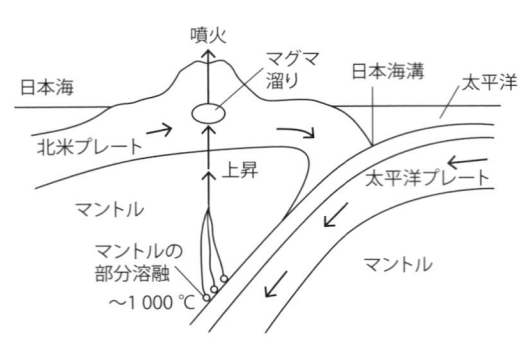

図 11-4　海洋プレートの沈み込みと火山の噴火

富士山の貞観噴火（864 年〜）では北の山腹から大量の溶岩を噴出し，富士五湖を作った．宝永噴火（1707 年）は南東山腹から噴火し，江戸市中まで 10 cm 以上の火山灰が降り注いだ．今後も，富士山でいつ噴火が起きてもおかしくない．噴火が起これば，登山者はもちろん近くの市町村でも大きな被害が

出ると予想される.
さらに，上空には偏
西風が吹いているの
で，首都圏に大量の
火山灰が降る．火山
灰が 1 mm 降っただ
けで道路や滑走路の
白線が消えたり，鉄
道の線路の切り替え
ができなくなったり，
交通が大混乱になる
と予想される.

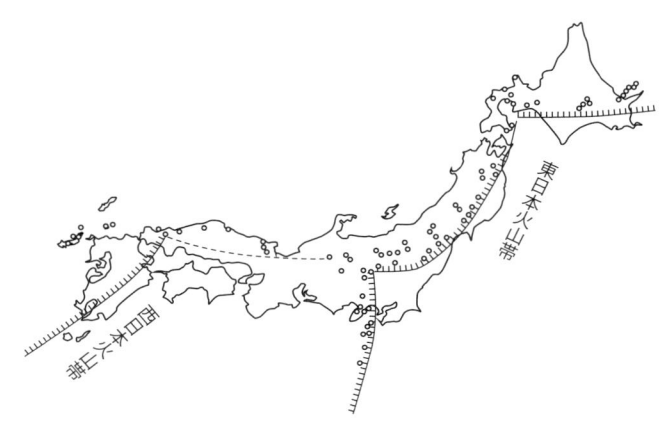

図 11-5　日本付近の火山帯 ［出典：島村英紀『火山入門』
NHK 出版新書，2015］

　2014 年 9 月 27 日
正午前に御嶽山が噴火し，死者不明者 63 名という戦後最大の火山災害となった．
快晴の土曜日の昼で登山者が多かったことが死者数を多くした．このとき，気象庁
が出した噴火警戒レベルは「1」で「平常」を意味した．噴火警戒レベルの設定は，
過去からの勘と経験によってなされているのが実情である．気象庁は天気予報と噴
火や地震予知を担当している．しかし，噴火や地震の予知は天気予報とは根本的に
違う．天気予報は大気の運動方程式がわかっているし，観測データが豊富にある．
一方，噴火予知はその運動方程式がわかっていないし，地下のマグマに関する情報
を得る手段に乏しい．噴火の予知には多くを期待できる状況にない．ただ，一度噴
火が起こると，地震計，傾斜計，空振計，GPS 観測装置などの計測装置を用いて，
地震活動の程度を推測することができるので，噴火の危険範囲などを示して，減災
に生かすことができる.

まとめ　日本付近には，多くのプレートが存在し，それらの境界付近は火山が
形成されやすい場所である．日本海溝の西側に東日本火山帯が，南海トラフの北西側
には西日本火山帯が日本列島にかかっている．日本列島で火山の噴火が繰り返されて
きたが，今後も繰り返される可能性がある．噴火の予知はあまり期待できないが，噴
火が起きたときは計測装置を用いて危険範囲を示すなど，減災に生かすことができる.

6話　都市の大火を防ぐには？

　日本の都市では密集した木造建築が多く，歴史的に大火を繰り返してきた．明暦の江戸大火（1657 年）では焼損面積約 20 km^2，死者は 10 万人近くで世界でも最大規模の大火であった．正月 18 日（太陽暦 3 月 2 日）昼過ぎ，本郷丸山の法華宗本妙寺から出火し，北西の強風に煽られて火は本郷台から東南方向に延焼し，湯島天神や神田明神を炎に包みながら駿河台にある寺社や大名屋敷などの大型木造が延焼したため火の勢いが強かった．火の一部は町家の中心である鍛冶町から有楽町へと南下し，もう一方は茅場町から隅田川沿いに拡大した．さらに，小石川方面からも出火し，火は江戸城本丸をも延焼しながら芝方面に延びた．4 代将軍家綱は西の丸に逃れた．明暦大火では，大名屋敷 160 戸，旗本屋敷 770 戸，町が 800 町，寺社 350 宇，橋数 60，倉庫 900 棟が灰燼と帰した．この大火は莫大な損害を与えたが，街を再構築したため，経済的な活気を江戸に与えた面もある．明暦大火以降，各所に火除地が設けられ，大名屋敷や寺社は郊外へと移転した．それ以降も江戸の大火は 100 回を超えた．冬の北西の季節風や春先の南西風が強いときに多く発生した．大火後の復興事業の仕事にありつこうと放火したため大火になったこともある．

　明治期に入っても東京での出火件数は多かったが，江戸期のような損害を出すような大火はほぼ消滅した．しかし，大正 12 年（1923 年）9 月 1 日に相模湾を震源とするマグニチュード 7.9 の関東大震災が関東地方を襲った．特に，東京と横浜は地震によって発生した火災による被害が大きかった．死者は 10 万人近く，全壊家屋は約 12 万 9000 戸，消失家屋は約 44 万 7000 戸を記録した．人々は火災から逃れて公園などに避難したが，場所によって明暗が分かれた．周りが火に囲まれたが安全であった場所は，宮城前広場，上野公園，芝公園，浅草公園などであった．一方，本所横網町陸軍被服厰跡，吉原小公園などでは多数の死者が出た．多くの人が家財道具などを持ち込んだためそれに燃え移って大惨事となった．

　昭和以降は，1934 年 3 月 21 日の函館市大火，1947 年 4 月 20 日に飯田市の大火，1952 年 4 月 17 日の鳥取市の大火，1976 年 10 月 29 日の酒田市大火，2016 年 12 月 22 日の糸魚川市の大火など地方都市で多く発生している．いずれもフェーン現象や強風などの気象条件の下，密集した木造建築のところで激しく燃えた．また，1995 年 1 月 17 日の阪神淡路大震災では，神戸市長田区を中心に大火災が発生した．老朽木造家屋やビルが倒壊して道路を塞いだ状態で火災が発生した．原因

別では，電気による発火が 60 ％，ガスが 30 ％となっている．地震で配線がダメージを受けたところに電気が復旧して出火に至ったケースも多かった．火災域の焼け止まりは，道路や鉄道が 40 ％，空き地が 22.5 ％，耐火造りや防火壁が 23.5 ％，消防活動が 14 ％となっている．

防火対策の基本は出火防止と初期消火にある．ほとんどの火災は，出火直後の消火が容易である．火災を早期に発見し，初期消火や火勢抑制によって隣棟への延焼拡大をできるだけ遅らせることが，市街地大火を防ぐ第一歩である．複数棟に延焼してしまうと，消防隊にとっても消火は格段に難しくなる．飛び火による延焼拡大は，消防隊にとっても大きな負担となる．飛び火対策としては，消防団や自主防災組織が，火災地域の風下を巡回し樹木や枯草，また建物の屋根や雨どいなどに火の粉がたまり類焼のおそれがないか確認し，着火した場合は水をかけたりする「火の粉警戒」を行う．また，延焼は窓などの開口部から起きる場合が多いので，雨戸を閉めるなどの対応が重要になる．

防火対策として，ガラス窓を金網付きのものにする，金属製の雨戸を取り付ける，外壁や屋根を耐火物にする，家を密集させず道路を広くする，空き地や公園など避難できる場所を確保し，焼け止まりしやすくすることが重要になる．**表 11-1** に大火に対する備えと対応の項目を示す．

表 11-1 大火に対する備えと対応

都市計画段階での備え	道路を広くする，密集住宅を減らす 耐火建築にする，空き地や公園を確保する
個人の住宅での備え	金属製の雨戸を取り付ける，ガラス窓を金網付きにする， 屋根や外壁を耐火に，高齢者や身障者の避難を考えておく
火災が起きた場合の対応	初期消火に努める，雨戸を閉める，周囲の可燃物を撤去， 消防隊や自主防災組織は飛び火対策を行う

ま と め 日本の都市は木造住宅が密集しているので，大火の歴史を繰り返してきた．都市の大火を防ぐには，都市計画段階から道路を広くする，密集住宅を減らす，耐火建築にする，空き地や公園を確保することが必要である．個人の住宅でも，金属製の雨戸を取り付ける，ガラス窓を金網付きにするなどが考えられる．火災が起きた場合は，初期消火が最も重要である．延焼の防止には飛び火対策が必要になる．

7話　被災者支援を有効に行うには？

　1995 年の阪神淡路大震災，2011 年の東日本大震災では，復興への道のりは長いことが示されている．被災者は余震が続く不安の中で，顔見知りの隣人が頼りとなる．阪神淡路大震災の一部の地区で，町内会の組織が住民による高齢者の救出，火災の延焼の防止，避難所での炊き出し，救援物資の運搬と分配，情報の伝達などに力を尽くした．しかし，住民へのアンケートによると，町内会の組織が力を発揮したのは半分程度で，普段からの町内会での防災活動の必要性が強調されている．

　阪神淡路大震災ではボランティアの活動が大きな注目を集めた．全国から集まった延べ 150 万人を超えるボランティアは，行政機関がマヒするなか，被災者の救出や避難所での支援活動に大きな役割を果たした．しかし，予想以上の人数が集まったことや手続き問題などがあり，大量のボランティアを有効に活用できないミスマッチがあった．東日本大震災の場合はボランティアの延べ人数が 48 万人あまりにとどまった．多くの人が申し込みに殺到したが，受け入れが困難で多くが地元住民や自転車で通える人に限定された．この背景には被害が広域にわたり，食料や宿泊先の確保が困難だったこと，交通事情が悪かったこと，受け入れ先の自治体がボランティアの対応にまで手が回らなかったことなどがある．

　大規模災害の際の復旧・復興と被災者の生活再生への道のりは，多くの場合，避難所→仮設住宅→復興住宅へと進む．応急避難先として学校，体育館，公民館などに多数の人が住むことはやむを得ない．応急避難先ではプライバシーの確保が困難で不自由な生活を余儀なくされる．特に，高齢者，障がい者，子どもなど災害弱者への配慮が欠かせない．仮設住宅が早急にできれば不便さは緩和するが，用地の確保などに時間がかかり必要な量を早期に確保するのが困難である．阪神淡路大震災の例では，震災から 7 か月後での仮設住宅の供給は 4.8 万戸と全壊世帯数 17.8 万世帯の約 27％に留まった．仮設住宅の建設は地元の市町村が各地区の要望を受けて県や国などと調整しながら進めるが，そのプロセスは困難が多く，課題が目白押しの市町村の担当者にとって大きな負担である．被災した住民にとっては，避難所→仮設住宅→復興住宅と進む過程で知人から離れ，家族がバラバラになってしまうこともある．復興とは，住む家を確保することだけでなく，人間関係を元通りあるいは新たに構築できる場や働く場を提供するなど生活環境を整えることである．

　災害時の仮設市街地のプランが災害前から検討されていれば好都合である．**図**

11-6 は阪神淡路大震災後に提案されたシャドウプランである．図の上のほうは日常時の公園の様子を示す．建物としては管理事務所があるだけで，それ以外は広場，原っぱである．図の下のほうは災害時のシャドウプランを示す．管理事務所は管理センターとなり，広場や原っぱには仮設事務所，仮設住宅，仮設商店，診療所，ケア施設などを建設する．被災者の自立

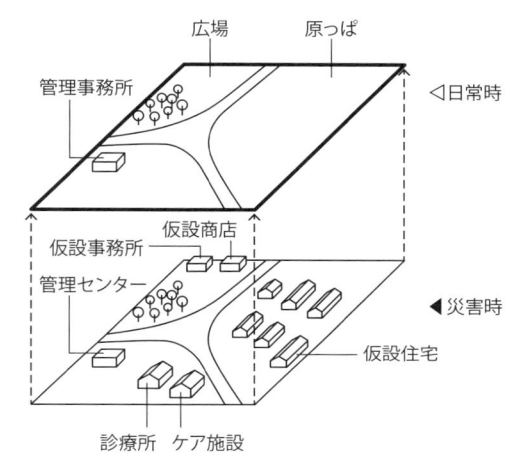

図 11-6　災害時仮設市街地のプラン［出典：吉原直樹　編『防災の社会学　第二版』東信堂，2012］

再建を促すべく，予め計画を立て，行政，ボランティア，被災者，一般市民が一体となって運営することが想定されている．予め計画を立てておけば比較的早期にプランを実行に移すことができる．行政，支援者，被災者，市民の相互の出会い，新たなまちづくりを目指すものとして注目される．例えば，仮設事務所に集会所が併設されれば，相互の交流が図れる．商店を営んでいた人が災害で店舗を失っても仮設店舗で仕事ができるし，被災者も必要な物資を手に入れやすくなる．こうした動きは復興を早めることになるし，住民参加の形で新たなまちづくりを進めることになる．東日本大震災後において，被災者の他県への避難が長引き従来の地域の人たちとの関わりが薄れたため，住宅ができても帰還をためらう人が多い．そんな状況を避ける意味でも，シャドウプランが有効に機能すれば住民参加を促し新たなまちづくりを進めることが可能となる．

⓶と⓶　大震災の復旧過程で行政機関が十分に機能しないなか，町内会やボランティアの活動が被災者の救出や避難所での支援活動に大きな役割を果たした面があるが，課題も多い．被災地の復興には，住宅の供給だけでなく人とのつながりや働く場が重要である．予め災害時の仮設市街地のプランがあれば，早期に仮設市街地を立ち上げ住民参加の形でまちづくりに取り組むことが可能となる．

コラム

災害時に必要なもの

　地震などの災害時には建物が壊れ，電気，ガス，水道，電話のライフラインも被害を受けて使えない事態もある．電気が止まった場合は，発電機があればそれで発電する．ただし，水に濡れた家電製品は発火のおそれがあるので注意する．ガスは復旧に最も時間がかかるので，カセットコンロの用意があれば便利である．断水の場合は給水車が回ってくるまで時間がかかるので，普段から 3L 程度の水を用意しておく．水が出ればお風呂場や洗濯機内に水を入れておくと便利である．電話は，災害直後に全国から通話が殺到し，回線の容量を超えるので通話が規制される．携帯電話はほぼ使えないと考えてよい．緑や灰色の公衆電話は災害時優先電話に指定されているので比較的かかりやすい．ただし，停電している場合はカードや 100 円玉は使えず 10 円玉しか使えない．

　非常食はいろんなメーカーから売り出しているが，食べなれないものより時々消費してお好みのものを買い置きすることが望ましい．カップラーメンやレトルト食品はお湯がないと食べられないし，乾パンやクラッカーは飲み物がなければ食べにくい．缶詰めなどですぐに食べられるもののほうが便利である．おにぎりが届くまでの間は，アルファ米があればお湯や水を用いてすぐに食べれる．パンはある程度保存がきくので用意しやすいが，缶詰めにしたものもある．

　避難所では介護を必要とする高齢者や障がい者に対する特別な配慮が必要である．避難所内の中に間仕切りなどによってプライバシーを確保，簡易ベッド，障がい者仮設トイレ，車イスの確保が望まれる．

　トイレが使えないとさまざまな問題が起こる．衛生環境の悪化により感染症の蔓延が懸念される．また，トイレに行くのを我慢すると水や食事の摂取を控えがちになり，脱水症状を起こして体力が低下し，インフルエンザや胃炎などにかかりやすくなる．水洗トイレが使えなくなると，仮設トイレが設置される場合が多いが，道路事情などにより数日間仮設トイレが届かないこともある．断水して水が全く使えない場合は，穴を掘って緊急用のトイレとしたり，ビニール袋を活用して排泄するなどの対応が必要となる．洋式便器があると，便器にビニール袋を敷いて固定しさらにもう一枚ビニール袋をかぶせる．その中に新聞紙を敷いて排泄後内側の袋だけを取り出し密封して保管する．そのとき消臭剤などで臭気対策をすることが望まれる．

第 12 章

食料と環境

世界の人口は今後急激に増加し，2050 年には 100 億人になるとされている．それでも食料の全体量は足りると予想されるが，先進国と途上国との間で食料分配の偏りが問題である．さらに，地球温暖化に伴う砂漠化や海面上昇で耕地が失われるリスクがある．この章では，日本の農業が抱えるリスク，アメリカ，アジアなど世界の農業および漁業の現状とリスクについても紹介する．

1 話 人口問題と食料問題の関連は？

　世界の人口は，紀元 300 年に 1.9 億，1100 年に 3.2 億，1700 年に 6.1 億，1802 年に 10 億，1927 年に 20 億，1961 年に 30 億，1974 年に 40 億，1987 年に 50 億，1998 年に 60 億，2011 年に 70 億で，最近 50 年の伸びが特に著しい．世界の人口の近代における急激な増加は，産業の発展と農業の近代化による食料供給の増加，衛生状態の改良と医学の進歩による死亡率の低下によるとされている．

　国連の人口予測（中位）によると，2025 年に 85 億，2050 年には 100 億になるとされている．今後は先進国でほぼ横ばいで，開発途上国で人口増加が著しいと予想されている．2025 年に，アフリカで 16.0 億，中国で 15.1 億，インドで 14.4 億，2050 年に，アフリカでは 22.7 億，中国で 15.2 億，インドで 17.0 億になると予想されている．2050 年以降の人口の伸びは鈍化すると考えられている．

　問題は今後 100 億を超えると予想される人口を養えるだけの食料を供給できるかどうかである．農産物の需要量は人口増加に伴う需要量の増加，所得水準の増加に伴う需要量の増加，畜産物需要の増加に伴う飼料用穀物需要の増加がある．食料の中で最も重要なのは穀物である．FAO（国連食糧農業機関）によると，世界の食物エネルギーの構成は穀物が 51 ％，野菜や果物などの作物が 22 ％，肉・卵・乳が 12 ％，魚が 1 ％となっている．豚，鶏，食肉牛などの肉や卵の飼料には穀物が用いられるので，穀物のエネルギー比率が 60 ％程度となり最も重要な食料は穀物と言える．**表 12-1** に世界の穀物生産の収穫面積の 1962 年と 2003 年の比較を示す．穀物の収穫面積は 1962 年の 6.5 億 ha から 2003 年の 6.7 億 ha へと微増しているが，潜在可耕地面積がまだかなり残っていると見られている．ただ，多くは牧草しか生育できない地であったり，水が乏しく耕作できない地であったりする．**表 12-1** では 1 人当たり収穫面積が 1962 年の 20.8 a から 2003 年の 10.7 a へとほ

表 12-1　世界の穀物生産の収穫面積の比較（FAO 統計より）

	1962 年	2003 年
収穫面積	6.5 億 ha	6.7 億 ha
単収	1.4 t / ha	3.2 t / ha
人口	31 億人	63 億人
1 人当たり収穫面積	20.8 a / 人	10.7 a / 人

注）ha ＝10 000 m^2，a ＝1 m^2

ぼ半減している．これは人口が増加しているためで，1 人当たり収穫面積の減少を単収の増加で補っている形になっている．これは，肥料，農薬，品種改良などによる農業技術の進歩が寄与している．その結果，穀物生産量は，2000 年は 18.5 億 t，2007 年は 21.3 億 t，2015 年は 24.7 億 t と順調に増加している．人類が 100 億人になったとしても，全体の量としては食料を供給できる可能性は高いと考えられる．

　しかし，全体の量が足りているとしても，餓えに苦しむ人たちがなくなるわけではない．国連の統計によると，2015 年現在 8 億 1 500 万人の人が毎晩空腹を抱えたまま眠りについている．2015 年の世界の穀物生産量 24.7 億 t を人口 1 人当たりにすると，338 kg で食事エネルギーに換算すると 1 人 1 日当たり 2 430 kcal になる．実際の食事は穀物だけでなく，果物や芋類なども含まれるので，供給される食事エネルギーは 3 000 kcal を超える．一方，必要な摂取エネルギーは年令や体重などにもよるが，成人男性で 2 700 kcal，成人女性で 2 100 kcal 程度なので，平均では世界の人の必要エネルギーは確保されることになる．

　開発途上国の人々の食料が不足する要因には，食料の分配の偏りの問題がある．2015 年の 24.7 億 t の穀物生産のうち 10 億 t 以上が飼料用に消費され，そこで生産される卵や肉が先進国に偏って配分されている．また，多くの先進国では穀物の生産過剰を抑制する政策が取られている．日本でも水田の減反が実施されている．市場経済を基本とする現代社会では，食料も購買力を伴った需要に応じて分配される．購買力のない開発途上国の貧しい人々には食料が買えないのである．

　さらに，今後地球温暖化などによる食料供給の不安定化のリスクがある．現在でも，過度の放牧や塩類集積などで，1 年に 500 万 ha と日本の耕地面積を上回る土地が砂漠化していると見られている．降水量の減少によってアフリカ，アジア，オーストラリアの地域で耕作できなくなる土地が増え，海面上昇によってバングラデイッシュやインドで耕作できなくなる土地が増えると考えられている．

　まとめ　世界の人口は近年急激に増加し，2050 年には 100 億人になるとされている．世界の 1 人当たりの穀物生産は人口の増加を農業技術の改良による収量の増加で補う形で微増している．人口が 100 億人になっても全体の量は足りると予想される．しかし，先進国と途上国との間で食料分配の偏りが見られ，この問題を解決しないと餓えはなくならない．さらに，今後は地球温暖化に伴う砂漠化や海面上昇で耕地が失われるリスクがある．

2 話　日本の食料事情は？

　日本の国土は山地が約 70 ％を占め，農作に適した土地は非常に限られている．国別の農地面積を**表 12-2** に示す．日本の農地面積は先進国の中でも最も小さく，人口 1 000 人当たりで比較すると，ヨーロッパ諸国に比べても数倍も小さい．そのためカロリーベースで表した食料自給率は 38 ％と先進国中で最低の数値となっている．アメリカ，カナダ，オーストラリア，フランスなどは食料自給率が 100 ％を超え，食料輸出国であるが，日本は世界でも有数の食料輸入国である．

　1960 年の日本の食料自給率は 79 ％であったが，一貫して減り続け 2006 年には 39 ％になっている．その間基幹的農業従事者の数は 1 175 万人から 224 万人と 80 ％も減少，延べ作付面積は 813 万 ha から 438 万 ha へとほぼ半減している．麦，大豆，飼料用穀物では耕地面積が少ないだけでなく，アメリカなどに比べて生産コストが 10 倍程度も高いので，輸入に頼らざるを得なくなっている．輸入金額は，1965 年の 1 兆円から 2013 年の 6.1 兆円と大きく増えている．日本の農産物の輸入は 2013 年の統計で，アメリカ 23.1 ％，中国 12.1 ％，オーストラリア 6.9 ％，カナダ 6.7 ％，ブラジルとタイが 6.4 ％となっている．品目別では，アメリカからはトウモロコシの 90 ％以上，大豆も約 80 ％，牛肉がオーストラリアから約 80 ％など特定の国からの輸入が大半を占めている．これらの輸入先の国で何らかの異変があると，それに関係する食料が大きく値上がりする．例えば 2006 年にオーストラリアで記録的な干ばつが発生し，小麦と関連する食料品の値段が急騰した．そのような事態に対処するために，国は食料備蓄制度を設けている．米は通常の不作が 2 年間続いたことを想定して 100 万 t（1.4 か月分），麦は年間需要の

表 12-2　国別農地面積と食料自給率比較（FAO 統計より）

	農地面積（×10^5 ha）	1 000 人当たり農地面積 (ha)	食料自給率（%）
アメリカ	4 067	1 263	130
カナダ	654	1 800	264
オーストラリア	4 055	16 826	223
フランス	288.4	445.7	127
ドイツ	166.6	203.4	95
イギリス	171.8	261.0	63
日本	45.5	35.5	38

2.3 か月分，大豆は年間需要の 2 週間分，飼料穀物は年間需要の 1 か月分を目処に備蓄している.

日本の食料消費構造は炭水化物からタンパク質，脂肪へと変化している．日本の国民 1 人 1 日当たりの摂取カロリーは戦後の所得の伸びに伴って上昇してきて 1965 年ごろに 2 500 kcal の水準に達し，その後ほ

表 12-3　国民 1 人 1 日当たりの摂取カロリー
（単位 kcal）

	1965 年	2006 年
米	1 090	595
小麦	292	320
畜産物	157	394
油脂類	159	368
芋類	131	217
魚介類	99	130

ぼ横ばいである．1965 年と 2006 年の内訳を**表 12-3** に示す．米の寄与が大きく減り，畜産物や油脂類が増えている．魚を中心とした和食だけでなく，中華料理，フランス料理，イタリア料理など食生活が多様化している．さらに，手作りの料理からレストランなどで食事をする外食や中食が増えている．中食とは，市販の弁当や惣菜など家庭外で調理されたものを持ち帰り，自宅で食べることである．近年，共働き世帯や単身者が増えて家事をする時間が減り，食の外部化が進んでいる.

日本の米の消費は 1962 年の 1 人当たり年間消費 118.3 kg をピークに年々減り，2006 年にはピーク時の半分程度である．一方，米の生産量は生産性が向上して 1967 年から 3 年間 1 400 万 t を超える豊作となり，在庫が膨らんだ．そのため，生産調整が行われ，休耕地が増えた．それに伴って農業の担い手不足もあって耕作放棄地が増え，農業の弱体化が進んでいる．日本の農業の焦眉の課題は規模の拡大である．稲作で延べ面積が 3 ha 未満の農家が全体の 90 ％以上で，5 ha 以上の農家が約 2 ％に過ぎない．農家 1 戸当たりの所得が 5 ha 以上で 300 万円，10 ha 以上で 500 万円を超え，20 ha 以上で 1 000 万円を超えるなど経営規模拡大のメリットがある．経営規模が大きいほど機械化が進んで労働時間が短縮し，若手経営者が活躍している.

（ま）（と）（め）　日本の農地面積は先進国の中で最も小さく，人口 1 人当たりの農地面積はヨーロッパ諸国に比べて数倍も小さく，食料自給率は 38 ％と先進国中最低である．近年，農業従事者が大幅に減り，耕作放棄地が増え，農業の弱体化が進んでいる．麦，大豆，飼料用穀物は大半がアメリカ，中国，オーストラリア，カナダなどからの輸入である．食料消費構造は炭水化物からタンパク質，脂肪に変化している.

3話　異常気象によって食料生産はどうなるか？

　異常気象とは，異常高温，大雨，日照不足，冷夏，乾燥など過去30年の気候に対して著しい偏りがある天候とされている．日本の気象の統計では，100年以上の期間での1日の降水量が200 mmを超える日数は，明らかな増加傾向が見られることから，地球温暖化問題が関係している可能性があるとされている．

　気候変動に関する政府間パネル（IPCC）の報告によると，北半球の平均気温は過去1 000年程度ほぼ一定だったものが，1880年から2018年までに約1℃上昇していて，このまま推移すると最速2030年には1.5℃上昇すると評価されている．これは，主として化石燃料の使用による二酸化炭素などの温室効果ガスの影響と推論されている．そして，2100年までに気温が2〜6℃程度上昇し，海面水位が30〜60 cm上昇し，世界各地で，豪雨，干ばつ，強い熱帯低気圧，猛暑などの異常気象が頻発するとしている．また，海水温の上昇に伴い，北極海の海氷面積が減少し，永久凍土の融解が進むとしている．

　気温の上昇に伴い大気中の水蒸気量が増加し，世界各地で集中豪雨が増加するが，干ばつによって農作被害を受ける地域が増えると予想されている．一方，大気中の二酸化炭素濃度が増える結果，植物の光合成が活発になり，農業生産が増える効果もある．気温の上昇による農業生産への影響について，気温の上昇幅が1〜2℃の場合は，低緯度地域で生産性が低下する一方，中高緯度地域では生産性が向上するなど，地域によって影響が異なると予測されている．以下，気温の上昇幅が1〜2℃の場合の世界の農業への影響の予測を示す．

　多くのアフリカ諸国で農業生産が大きく減少，とくに半乾燥地域および乾燥地域の農業適地の農業生産が大きく減少すると予測されている．これらの地域は遊牧とオアシス農業が行われていて，少雨によって食料の安定供給が阻害され，地域の人たちの栄養不良と飢餓が悪化する．

　アジアでは穀物生産量が2050年までに，東アジア，東南アジアで最大20％増大する可能性がある．一方，中央アジアや南アジアでは最大30％減少する可能性がある．特に，バングラデイッシュやインドでは海面上昇による農地の消失や塩類化の被害が起こる．1 mの海面上昇があるとバングラデイッシュで3万 km^2，インドで6 000 km^{2}の被害が出る．

　南ヨーロッパでは，高温と干ばつが悪化し農業生産が減少する．中央ヨーロッパ

や東ヨーロッパでは，夏の降水量が減少することから水不足による減収がある．一方，北ヨーロッパでは，温暖化により，暖房需要の減少，農業生産量の増加，森林の増加がある．ただし，温暖化が継続すると，冬期の洪水，生態系の危機，土壌安定性の減少による悪影響が好影響を上回る．

北アメリカでは 21 世紀前半までは，降雨依存型農業の生産量が 5 〜 20 ％増加するが，地域間で大きなバラツキがある．また，夏季の気温上昇によって，火災リスクが高い期間が長くなり，森林の消失面積も増大する．南アメリカでは，2050 年までにアマゾン東部地域の熱帯雨林が徐々に消失してサバンナに変わる．より乾燥した地域では農地の塩類化と砂漠化により，農作物や畜産の生産力が減少する．

オーストラリア南部と東部，およびニュージーランド北部と東部で 2030 年までに水質が悪化する．また，オーストラリア南部と東部の大部分とニュージーランド東部の一部で，干ばつと火災が増加し，2030 年までに農業と林業の生産量が減少する．

世界の乾燥・半乾燥地域では，雨が降らない時期が長く続いた後に，大量の雨が降ったりする．大量の雨は，雨によって地表を削り侵食する水食を引き起こして土壌を劣化させる．地球温暖化による異常気象は乾燥と大量の雨の両方をもたらす可能性が高いとされ，農業への悪影響が懸念される．

表 12-4 気候変化による農作に対する影響（〜 2050 年）
（気温上昇 1 〜 2℃の場合）

アフリカ	少雨によって生産力減少．特に，乾燥・半乾燥地域で大きい
アジア	南アジア，東南アジアで穀物生産増大，中央アジア，南アジアで減少．海面上昇でバングラデイッシュとインドで農地の喪失
ヨーロッパ	北ヨーロッパで生産増加，南ヨーロッパでは干ばつで生産減少
アメリカ	北アメリカでは増収だが地域間のバラツキ大，南アメリカでは熱帯雨林の消失や砂漠化により生産力減少
オセアニア	オーストラリアとニュージーランドの一部で干ばつによる生産力減少

⸨ま⸩⸨と⸩⸨め⸩　異常気象に地球温暖化が関係している可能性がある．異常気象により，海面水位が 30 〜 60 cm 上昇し，世界各地で，豪雨，干ばつ，強い熱帯低気圧，猛暑などの異常気象が頻発する可能性がある．異常気象により，高緯度地域で農作物の増収がある反面，低緯度地域や半乾燥地域で干ばつや砂漠化などにより大幅な減収が予想される．低地では海面上昇による農地の喪失もある．

4 話　アジアの農業の現状と将来は？

　2017 年現在，中国は約 13.7 億人，インドは約 13.1 億人などアジア地域で世界の人口の約 60 ％を占め，アジアが世界の食料需給に大きな影響力を持つ．

　中国は，改革開放政策により 80 年代以降に急速な経済成長を遂げる一方，都市と農村との所得格差が開いた．農家の経営耕地面積は小規模で，優良な耕地は沿岸部に多く，その地域の急激な開発に伴う耕地面積の減少は農業の将来にとって懸念材料となっている．米，とうもろこし，小麦は世界有数の生産国だが，ほとんどを国内で消費している．大豆は，近年の急激な需要増加により輸入が大幅に増加している．改革開放後に食糧の増産政策を続けてきたが，本格的な農業政策の強化を始めた 2004 年以降 11 年連続で食糧増産を続けている．

　インドは，世界有数の穀物生産国で，米，小麦の生産量は中国に次いで世界第 2 位である（2014 年）．米輸出量では，2012，2013 年と世界第 1 位である．食料消費は食生活の向上，所得の伸びにより増えているが，輸入ではなく，地産地消の形を採っていくものと考えられる．品目別では牛肉や豚肉は宗教上の理由から増えないが，鶏肉は所得の伸びとともに増えると考えられる．ただ，飼料用穀物の主産地である中西部は水資源の問題があり，増産は灌漑施設の整備にかかっている．それが適切になされないと，将来飼料用穀物か鶏肉を輸入する必要がある．

　東アジア，東南アジア，南アジアはモンスーンと呼ばれる季節風の影響が大きい地域でモンスーンアジアと呼ばれる．この地域は水に恵まれた温暖な気候で稲作が世界の 90 ％以上を占める．中国，インドに続いて，インドネシア，バングラデイッシュ，ベトナム，ミャンマー，タイが米生産が高い．モンスーンアジアでは戦後の人口増加の中で食料不足に悩んでいたが，1960 年代後半から 1980 年代後半にかけて，「緑の革命」がその窮状を救った．緑の革命とは，品種改良，肥料，灌漑による米，小麦，トウモロコシの生産倍増である．米などの在来品種は病虫害には強いが背丈が高くて茎が細く肥料を多くして穂の重量が増えると倒れてしまう欠点があった．フィリピンにある国際稲研究所は，背丈が低くて茎が太い温帯地域の高収量品種とインドネシアの熱帯地域の品種とを交配させて，熱帯でも栽培できる新品種の開発に成功した．その後も品種改良が進み灌漑も進んで収量が増えた．その一方で，米や麦の近代品種は多量の肥料を必要とし，農薬の使用が欠かせないのでコスト高となった．

　アジアにおける経済成長と農業との関係は，三つのタイプに分けられる．第 1 は農業人口が多く，自給自足型のラオスやカンボジアなどの農業である．第 2 は工業化が進むなかで農業人口が激減する開発途上型農業である．中国や 1960 ～ 1980 年代の日本，1980 ～ 1990 年代の韓国・台湾がこれに相当する．農業技術の進歩などによって生産性が向上する一方，経済成長によって通貨価値が上がって輸入農産物の価格が下がる．結果として農業は衰退し，都市と農村の所得格差が生まれ，農業保護が必要となってくる．第 3 は，農業人口が 10 ％を切って減少率が鈍化し，それなりの規模の経営者が農業の大部分を担う先進国型農業である．日本，韓国，台湾が第 2 から第 3 の段階に移行する過程にある．中国やそれ以外のアジア諸国もやがては第 3 の段階に移行すると考えられる．

　アジア諸国が経済成長を遂げるなかで，都市と農村の所得格差が増大し，農業従事者が減少する傾向にあるが，各国は食料確保の観点から農業保護政策を個別に採ってきた．しかし，過度な保護政策は農業の自立を阻害することもある．そういう意味ではアジア域内で競争力の強い農業経営を育成して農業の持続的発展を図り，適正な域内分担を図るアジア版共通政策が求められる．そこでは，食料の安定的な供給の確保，非常時の食料安全保障，環境と地域資源の保全などが求められる．世界的に農業保護の縮小と自立が求められるなか，一国での対応には限界があるので，アジア版共通政策が欠かせない．

　アジア全体としてはモンスーン気候の恵まれた地域も多いが，中国の砂漠地周辺やインドの一部にも乾燥に苦しむ地帯が広がっている．今後地球温暖化がさらに進めば砂漠化の進行により農耕ができなくなるリスクがある．さらに，バングラデイッシュやインドの一部地域では海面上昇による農耕地消失のリスクがある．

　㋕㋣㋰　　中国とインドは米や小麦などの世界 1，2 の生産国である．中国は大豆を大量に輸入しているが，インドは米の第 1 の輸出国である．モンスーンアジアでは，1960 年代後半以降品種改良，肥料，灌漑による米，小麦，トウモロコシの生産倍増が行われ，緑の革命と呼ばれている．アジア諸国が経済成長を遂げるなかで，農業保護政策が取られてきたが，その適切な運用とアジア域内での共通政策が求められる．

5話 アメリカの農業の現状と将来は？

　アメリカは広大な農地があり，トウモロコシ，大豆，小麦では世界有数の輸出国である．アメリカの農業はその地域の気候に合わせた作物を集中的に栽培する方法を採っている．西経100°より東部は比較的雨量が多い．東部のうち五大湖周辺から大西洋までの北部では酪農，イリノイ州からミシシッピ州にまたがる中部は「コーンベルト」と呼ばれトウモロコシ，テキサス州からノースカロライナ州にまたがる南部は綿花が栽培されている．西経100°より西部は比較的雨量が少ない．西部のうち西北部は酪農，南西部は地中海式農業，中北部は春に種をまく春小麦，中南部は冬小麦，それ以外の地域では「グレートプレーンズ」と呼ばれる企業的牧畜が行われている．企業的牧畜とは，広大な牧場で行われる牛や羊などの粗放的な牧畜である．通常より栄養価の高い濃厚飼料を与え，通常なら2〜3年かかるところを1年半で生育させる．アメリカの農業は独立戦争後の19世紀に開拓が行われたが，独立自営の開拓者精神が培われ，国の気風となった．その後，労働力の割に農地が広大であったため機械化が進み，企業的な農業が多くを占めている．

　アメリカは第一次世界大戦および第二次世界大戦時に農産物の輸出を拡大したが，戦後は各国の農業が急速に回復したので農産物価格が急落した．そのため政府は農家への直接固定支払い制度をつくるなど手厚い農業保護政策を採った．しかし，2007年以降の農産物価格高騰の際にもこの政策が続けられたため，過剰保護との批判が強まり，政策の修正が行われている．

　カナダは，広大な国土を持つが，森林，湖沼，山が多く農用地の割合は6％である．北部は寒冷で農業に適していない．それでも，米国との国境付近を中心に6 000万ha以上の農地があり，日本の14倍程度である．小麦，トウモロコシなどの穀物，菜種のほか，畜産物の生産が盛んで，菜種は世界第1位の生産量である．

　南アメリカでは，ブラジル，アルゼンチン，パラグアイ，ウルグアイの4か国が気候と降雨に恵まれた主要農業国である．ブラジルでは，コーヒー，タバコ，綿花などの熱帯作物が中心であったが，近年，穀物，大豆，トウモロコシや畜産において輸出が増えている．ブラジルは大規模農業によって多様な農作物を生産している．2011年の統計では，オレンジ，コーヒー，サトウキビの生産が世界1位，大豆，牛肉，パイナップル，パパイアは世界2位，トウモロコシはアメリカ，中国に続いて世界3位である．ブラジルの人口は1950年の0.51億人から2017年の2.1

億人と急速に増えた．人口増に対応して農業振興政策が採られ，生産性の向上が図られた．その結果，農産物の生産量は人口の伸びを上回り，輸出量が増えた．

　アルゼンチンはブラジルに次ぐ農地を持っていて，温帯性気候で大豆，トウモロコシ，小麦などの生産が盛んである．トウモロコシの生産量は世界 4 位だが，輸出量は世界 2 位である．牛肉や鶏肉の輸出量も多い．

　アメリカの農業は強大であるが，将来に向けて水資源や環境の問題を抱えている．ロッキー山脈東側にある大平原の小麦地帯では，降雨が少ないために地下水を利用している．この大規模な灌漑によって地下水位が 12 m も低下している．米の生産地のカルフォルニアにおいても同様な問題が起きている．また，大型機械の使用や化学肥料の大量使用，連作によって地表が荒れ，風雨によって傾斜地の表土が流失している．中部のコーンベルトで土壌の劣化が激しいが小麦地帯でも起きている．さらに，地下水にわずかに含まれる塩類が地下水の汲み上げによって表面に移動し，水の蒸発に伴って土壌表面に集積する塩類集積によって，作物が育たなくなるリスクがある．カルフォルニアでは，巨大なダム群から供給されている灌漑用水の中に低濃度の塩類が含まれ，それが農地に集積し大きな影響が出つつある．

表 12-5　アメリカの農業

小麦地帯	カナダ南部〜アメリカ内陸部のミシシッピ川に至る乾燥地帯 中北部は春に種をまき秋に収穫する春小麦，中南部は冬小麦
酪農地帯	気候が冷涼で大消費地が近い北東部では酪農が中心
トウモロコシ地帯	中部ではトウモロコシの生産が盛んなため「コーンベルト」と呼ばれる 元は草原や広葉樹林だったため土地が肥沃
牧畜地帯	西部の「グレートプレーンズ」と呼ばれる地域は企業的牧畜が盛ん

　(ま)(と)(め)　アメリカは，トウモロコシ，大豆，小麦の世界有数の輸出国である．アメリカでは，地域の気候などに応じて，トウモロコシ，大豆，小麦，綿花，酪農などを大規模に集中的に行っている．南アメリカでは，ブラジル，アルゼンチンが主要農業国である．ブラジルでは，コーヒー，タバコ，綿花に加えて穀物，大豆，トウモロコシ，畜産の生産量が多く輸出量が増えている．

6 話　世界の水産物の需給は？

　先進国での健康志向，途上国での食生活の向上などによって，世界の水産物消費量は 1960 年からの 50 年間に倍増している．水産物消費量の多い日本は 1970 年代に増加したが，その後は横ばいである．中国では 1983 年以降急増して 1995 年には世界の水産消費の 30 ％を占めた．FAO の予測によると，世界の水産物消費は今後も増加するが，世界の漁獲量が頭打ちになり，不足分を養殖が担うとしている．

　養殖業を除いた世界の漁獲量は 1980 年以降ほぼ横ばいで，2010 年は 8 952 万 t であった．国別では中国が 1 567 万 t と最も多く，日本は 416 万 t であった．魚種別では，ニシン・イワシ類が 1 710 万 t と最も多く，次いでタラ類の 743 万 t，マグロ・カツオ・カジキ類が 662 万 t，イカ・タコ類が 365 万 t，エビ類が 313 万 t である．ニシン・イワシ類とタラ類は 2000 年ごろから減少傾向にあるが，マグロ・カツオ・カジキ類，イカ・タコ類，エビ類が一貫して増加傾向にある．

　ノルウエーやアイスランドなど高緯度の国は魚種が少なく，日本など低・中緯度の国は魚種が多い．サケ・マスはヨーロッパが 40 ％，北米が 10 ％，日本が 20 ％を消費している．白身魚はヨーロッパが 70 ％，北米が 20 ％，日本が 10 ％を消費している．エビはアジアが 50 ％以上，北米が 20 ％，日本が 10 ％を消費している．

　養殖の生産量は世界で増え続けており，2010 年の世界の養殖業生産量は 7 894 万 t で，漁業と拮抗する規模になっている．中国の伸びが著しく，2010 年の生産量が 4 783 万 t と世界の 60 ％以上だが，日本は 1.5 ％に過ぎない．コイ・フナ類が 2 424 万 t と最も多く，海苔に使う紅藻類が 898 万 t，コンブやワカメなどの褐藻類が 678 万 t，ハマグリ類が 489 万 t，カキ類が 449 万 t である．世界の養殖業はかつてフランス，日本，スペインがリードしたが，現在は中国がリードしている．養殖業の生産量は今後も増加するが，その後伸びが鈍化すると見込まれている．

　魚介類が食料や家畜用として貿易に占める割合が 1976 年の 25 ％から 2008 年の 36 ％に増加している．2008 年の貿易額は 10 年前の約 2 倍に達した．2008 年の国別輸出入額の上位の国を**表 12-6** に示す．輸出は途上国，輸入は先進国が目立つ．

　漁業資源は世界的に枯渇に向かっている．低開発だと判断された漁業資源は

1970 年代に約 40 ％だったが，2008 年には 15 ％に低下した．枯渇あるいは枯渇から回復しつつある漁業資源は 1970 年代以降は 50 ％前後でほぼ一定だが，1985 ～ 1998 年はそれより若干低い水準で推移している．低開発の漁業資源はまだ漁獲量を増やすことができるので，全体としてはまだ増産可能と判断されている．

　水産資源が海の中を泳いでいるときは誰の所有でもないので，制限なく漁獲できる状態では，先取り競争による乱獲が起こりやすい．しかし，その結果，資源の再生産力が低下して資源が崩壊し，水産業の衰退を招く．そのため，漁業資源を維持するには国際管理機関による適切な管理が必要である．違法漁業による漁獲量は年間 2 600 万 t，世界の総漁獲量の 15 ％以上を占めると推定されている．

　日本人に好まれるマグロの需要は世界的に増加している．2004 年の漁獲量は 200 万 t を超え，20 年間で 2 倍になった．その後，マグロの漁獲量は減少し，2010 年には 181.4 万 t になった．国別消費量では日本が 1 位で 19.7 万 t を占める．マグロに関して，世界の海域ごとに五つの国際機関があり，資源管理のためのルールを定めている．国際条約では，科学的な資源評価をし，海域ごとに各国が漁獲できるマグロの量や大きさ，漁期を定めている．マグロを捕獲してよい漁船や操業が許された蓄養場（捕獲した稚魚を育てる場所）を登録し，登録されていない漁船や蓄養場，ルールを守らない漁船や国からの輸入を制限する勧告などを行っている．

表 12-6　2008 年の世界の水産物の輸出額と輸入額

輸出国	単位（百万ドル）	輸入国	単位（百万ドル）
中国	10 114	日本	14 947
ノルウエー	6 937	アメリカ	14 135
タイ	6 532	スペイン	7 101
デンマーク	4 601	フランス	5 636
ベトナム	4 550	イタリア	5 453
アメリカ	4 463	中国	5 143

　⓹⓪⓶　世界の水産物消費量は 1960 年からの 50 年間に倍の伸びを示し，特に中国の伸びが著しく世界の 30 ％を占めている．養殖の生産量は世界で増え続け，漁業と拮抗する規模になっている．養殖の生産量は中国が世界の 60 ％以上を占め，日本は 1.5 ％に過ぎない．漁業資源は世界的に枯渇に向かっているが，まだ若干増産の余地がある．FAO の予測では，今後世界の漁獲量が頭打ちになり，不足分を養殖が担うとしている．

コラム

イギリスの食料自給率と EU の農業政策

　戦後，食料自給率が低下した日本とは逆に，イギリスの自給率がこの 40 年間に 30%程度向上した．戦前のイギリスは食料を大量に輸入していた．しかし，二度の大戦で食料不足を体験し，農業の保護と増産を図った．イギリスは国土の 70 ％（日本は 13 ％）が農地で，農家の平均経営規模は EU 諸国中最大で，EU 平均の 3.6 倍，日本の 30 倍もある．

　1973 年に EC（EU の前身）に加盟して，さらに生産が拡大した．1978 年に EC 共通政策（CAP）が完全適用された際，イギリスの価格が EC より低いため農業生産が増加した．現在，イギリスでは小麦，大麦は輸出し，乳製品はほぼ自給している．消費の面でも，日本では戦後に食生活が欧米化して，小麦やトウモロコシなどを大量に輸入したが，イギリスではパンと肉を中心とした食生活が変わらなかったことも自給率を高めた要因である．

　EU 諸国は農業の盛んな国が多い．EU 圏はアメリカと並ぶ農業地域で，農地面積は加盟 27 か国の約 40 ％を占め，豊かな農業が発達してきた．EU 内の農業生産額は，フランス，ドイツ，イタリア，スペイン，イギリスの順に多い．EU 諸国は戦後 10 年以上も食料不足に悩み，CAP を導入した．CAP は食料の自給自足を目標とし，農業者の所得を保障するための価格政策，加盟国間の生産力格差を是正する政策と輸出補助金，共通関税からなっている．農家の所得を保障するために支持価格を決め，価格が下落すると支持価格で買い上げる．域外からの輸入には輸入課徴金・関税を上乗せし，域外への輸出には支持価格と国際価格の差額に輸出補助金を出す．これにより，農家の所得は向上し，1980 年代に域内完全自給を達成した．これに対抗してアメリカも輸出補助金を出したため輸出競争が激化した．その後，EU の各種補助金が EU の財政を圧迫したため，CAP 改革が進められ，支持価格を大幅に引き上げた．

第 **13** 章

生物と環境

生物は多様な進化を遂げたが，人為的要因による生息地の減少，地球温暖化，乱獲などによって猛烈な速度で大量絶滅が起こっている．この章では，生物多様性が人間にもたらす生態系サービスや生物がいろいろな環境で生きる方法について紹介する．乾燥に耐えるラクダやカンガルーネズミ，暑さに耐えるヒト，イヌ，ゾウ，熱水中で生きる超好熱細菌の方法，0℃以下の環境に生きる生物の凍結リスク回避の方法について紹介する．

1 話　生物の多様性とは？

　約 40 億年前に原始の海で原核生物が誕生した．原核生物は細菌を体の中に取り込み共生，進化して原生生物となり，そこから真核生物が誕生した．真核生物から光合成能力を持つ植物，運動能力を持った動物へと進化したものとが現れた．動植物は多細胞，有性生殖の機能を獲得し，大気中の酸素濃度の増加などにより，地上に進出した．生物は地球の環境変化に適応，進化して種の多様性を獲得した．

　生き物はその 1 種類だけでは生きられない．ある生き物は別の生き物を食べ，それをまた別の生き物が食べる．植物や動物に共生する菌類がいる．ある生き物が生きていくためには，ほかの生き物との食う食われる，共生するなどの関係が必要である．雌雄のある生き物は子孫をつくらなければ，絶滅してしまう．さまざまな病気や天敵に強い同じ種類の個体と遺伝子を交換しながら種は続いていく．

　生物個体の遺伝情報は細胞の DNA に書き込まれている．個体が集まって個体群を形成し，個体群は種を，種は群集や生態系を形成している．これを生物界の階層構造と呼んでいる．生物の多様性とは，階層構造全体の多様性を意味し，遺伝的多様性，個体群の多様性，種の多様性，群集や生態系の多様性，さらには異なる群集や生態系が織り成す景観の多様性も含んでいる．

　地球上ではこれまで約 140 万種の生物が知られており，未発見種を含めると 1 000 万種以上の生物が生息するという．これまで知られている種の中では昆虫類が最も多く，全体の約 53 ％を占めている．続いて植物，節足動物，無脊椎動物，原生生物，菌類，脊椎動物である．現存する生物種の数は，種の分化によって生じた種数から絶滅によって滅びた種数を差し引いたものである．

　生物種の 50 ％以上が死滅する大絶滅は地球史で少なくとも 5 回発生している．5.7 億年前にゴンドワナと呼ばれている超大陸が形成・分裂し，エディアカラ生物群が滅んだ．4.4 億年前には生物種の 85 ％が絶滅した．大陸氷床の発達に伴う海水準の低下と氷河の消滅に伴う海水準の上昇による．3.7 億年前の大絶滅では寒冷化と海洋無酸素事変の発生により全生物種の 82 ％が絶滅した．2.5 億年前に全生物種の 90 〜 95 ％が絶滅する大絶滅が起こった．その原因として，スーパープルームが地殻を突き破って大量の溶岩が噴出したことが挙げられる．6 500 万年前の大絶滅では恐竜など多くの生物種が絶滅した．小天体の衝突によるという説が有力である．

このように，過去の大絶滅は地球環境の急激な変化によるとされているが，近年は地質時代の大絶滅を上回る速度で起こっているとされている．恐竜が絶滅した中生代末期でも絶滅の速度は 1 000 年に 1 種くらいと推定されているが，西暦 1600 ～ 1900 年の絶滅の速度は 4 年に 1 種，現代はさらに速度が速くなっていて，1 説では 1 年に数万種が絶滅しているという推定もある．現代の生物種の大絶滅は人間がその原因をつくっているという点で，過去とは大きく違っている．

現代の絶滅の原因は，熱帯雨林の減少など生物の生息地の減少，地球温暖化や汚染など環境の変化，外来生物によるかく乱，乱獲などによるとされている．自然の要因による絶滅と違って，人間に利用しやすいものが不自然に選択されたり，経済価値の低いものが絶滅したりする．自然の変化ならば生物が適応したり進化する時間的な余裕があるが，人間起源の環境変化はその速度が速すぎて対応できずに滅ぶ場合が多い．そのような背景から 1992 年にリオデジャネイロで開かれた地球サミットで，温暖化防止のための気候変動枠組み条約と生物多様性条約の調印がなされた．そこでは，生物多様性の保全が重要な地球環境問題という認識ができた．

表 13-1　生物の多様性に関わる構造

生物多様性の由来	生物は約 40 億年前の生物誕生以来，原核生物→原生生物→菌類→真核生物→植物，動物と進化を遂げた
生物多様性の内容	生物多様性は，遺伝的多様性，個体群の多様性，種の多様性，群集や生態系の多様性，生態系を含む景観の多様性という階層構造を含むそれらがすべて多様性の内容である
種の数の定義	（種の分化で生じた新たな種の数）−（絶滅した種の数）
地質時代および現代の大量絶滅	地質時代の絶滅は地球環境の急激な変化による現代の絶滅は人為的要因による生息地の減少，環境変化，乱獲による

（ま）（と）（め）　約 40 億年前の生命誕生以来，生物は多様な進化を遂げ多様性をつくった．生物多様性は，生物個体群，遺伝，種，生態系，生態系を含む景観という階層構造すべてを多様性として含む．地質時代には地球環境の急激な変化により大量絶滅が起こった．現代の大量絶滅は，人為的要因による生息地の減少，地球温暖化，乱獲などによって，地質時代をはるかに上回る速度で起こっていることから，生物多様性が注目されている．

2話　生物の多様性はなぜ必要か？

　世界自然遺産に登録されているインドのケオラデオ国立公園でハゲワシの一種が絶滅した．ジクロフェナクという動物用の医薬品が原因である．ジクロフェナクを体内に含んでいる牛などの家畜の死体をハゲワシが食べると，内蔵障害を起こし死ぬ．ハゲワシがいなくなった結果，農地などに多数の死体が残り，これを食べる野犬やネズミが急激に増えた．シジュウカラやスズメなどの鳥は植物を食べる虫を食べて害虫の数が一定レベルにしている．1955年ごろの中国では，実った穀物を食べるとして，スズメなどの撲滅運動をした．その結果，害虫が増えてかえって農作物が減少したという．鳥は，種子散布，受粉，虫の捕食，腐肉の消費などの生態系サービスをしていて，鳥の種が絶滅したらその害は大きいという．

　生態系サービスとは生物が人間にもたらしてくれる自然の恵みのことで，生物多様性を考えるうえでのキーワードである．生態系サービスは，基盤，供給，調節，文化的サービスの四つよりなる．基盤サービスは光合成による一次生産，土壌形成，栄養塩循環などほかの生物が生きてゆく基盤となるサービスである．植物や植物プランクトンによる光合成作用によりすべての生物が生きる基礎となっている．また，土壌の形成や栄養塩の循環，種子や授粉も基盤サービスの一つである．供給サービスは食料，木材，燃料，医薬品，繊維，天然ゴムなど経済的な価値のある物質を提供する．医薬品については，熱帯雨林にある膨大な種類の植物の中に難病に効く薬草が見つかるとか，土壌の中から有効な抗生物質が見つかる可能性など生物多様性から得られるものである．調節サービスは熱帯雨林が気候の安定化，地球温暖化防止に寄与する．マングローブやサンゴ礁は，高潮や津波，暴風雨などから沿岸を守り被害を軽減する役割をするとともに，多くの魚介類の産卵や生息の場を提供している．文化的サービスとは，森林セラピー，ダイビング，バードウォッチング，エコツアーなど生態系による精神的，レクリエーション的なサービスである．芸術家が自然に触れて作品を生み出すことも文化的サービスの一つである．

　草食動物は草とか木の葉などを食べて生きている．草食動物が欲しいタンパク質などの栄養は硬い細胞壁の中にあるので，それを壊さねばならない．牛は細胞壁のセルロースを消化するために四つの胃を持つとともに，反芻を行い共生微生物の力も借りてセルロースを完全消化する．一方，肉食動物はほかの動物を食べることによって生きている．動物の肉は柔らかいから消化には苦労しないが，動物は動くの

で追いかけて殺さないと肉にありつけない．そのため，速い足，鋭い牙や歯，捕まえるためのスキル，鋭敏な感覚が必要であった．これらに比べて人間は植物も食べ，動物も食べる雑食動物である．人間は種々雑多なものを食べることによって，少しづつ栄養を摂っている．もし生物の多様性がなくなったとしたら，人間はバランスの良い栄養が摂れなくなる．これは，途上国における栄養失調の問題として，また先進国における肥満の問題として既に起きている問題である．

　生物多様性は遺伝子の多様性によって支えられている．生物が持つ遺伝情報（ゲノム）は，4 種類の塩基，アデニン（A），チミン（T），グアニン（G），シトシン（C）の配列で決まっている．遺伝情報にはタンパク質など生命活動に必要な物質をつくることを指示する情報単位がたくさんある．人間の遺伝子数は約 3 万 2000 個，マウスは約 2 万 2000 個ある．いったん遺伝子が決まると，次の突然変異が起こるまで個体による特徴を生み出す．同じ種の動物でも個体によって遺伝的な違いが生ずる原因として有性生殖がある．違う遺伝子を持った両親から生まれた子は両親とは違った遺伝子を持つ．生物は有性生殖によって遺伝子の組み合わせを変化させ，子孫の遺伝的多様性を増やし，病気その他の危険に対して抵抗力を高めている．人間が栽培している農作物や家畜，樹木などは，品種改良をすることで，生産性を高めたり，味を良くするなどしてきた．害虫の被害や病気が発生したら，それらに強い品種を作り出してきた．

表 13-2　生態系サービスの内容

基盤サービス	光合成，土壌形成，栄養塩循環
供給サービス	木材，木の実，医薬品，海産物，食料
調節サービス	気候の制御，防災，生息地の提供
文化的サービス	森林セラピー，ダイビング，エコツアーなど

ま と め　　生物多様性が人間にもたらす自然の恵みとして生態系サービスがある．その内容は，光合成による基盤サービス，木材，木の実，医薬品，食料などの供給サービス，防災や気候の調節機能の調節サービス，森林セラピーなどの文化的サービスがある．生物多様性は，遺伝的多様性によって支えられ，生態系サービスによる多様なサービスを人間に提供している．

3話　乾燥環境での生物の生き方は？

　砂漠地帯は雨量が非常に少ないが，時には大量の雨が降ることもある．生物によって乾燥への対処の仕方が異なる．概して大きな動物は身体の体積に比べて体表面の面積が小さいので，水分を失いにくく乾燥に耐えやすい．

　ラクダは 1 日に 140 km も水なしで歩き，水を飲むときは一度に 100 L 以上も飲める．ラクダは暑くても汗をかかない．体温が 5 ℃くらい上がっても平気である．昼間にためこんだ熱を気温が下がる夜に放出する．ラクダは尿細管が長いので，血液濃度の 10 倍もの尿を作れる．砂漠地帯には塩分を含む植物が多いが，そんな植物を食べても濃度の高い塩分を排泄できるので，水分が補給できる．ラクダは表面積の大きい巻き紙状の鼻を持ち，吸う息で水が蒸発して温度を下げ，吐く息が結露する．それで，呼吸で放出される空気中の水蒸気の何割かを鼻の中で回収している．

　砂漠に棲むカンガルーネズミは，日中の暑い時間を地下に掘った穴で過ごし，餌を探すため夜間だけ活動する．カンガルーネズミは水分の節約のため発汗しないし，濃縮された尿や乾燥した糞を排出し，水を飲まなくても生きてゆける．水は植物の種などを食べて，その代謝（消化）による水分だけで十分である．捕食者によって日中に穴の外に追い出されることもある．その場合，緊急用の機能を使って急激な体温上昇を防ぐ．大量の唾液を分泌して，あごやのどの毛を濡らして冷却する．

　砂漠の鳥は水を求めて長い距離を飛ぶ．アフリカの砂鶏は水が常にあるところから 40 km も離れたところにも巣を作る．オスは雛鳥のために腹の羽毛を水に浸して運ぶ．羽毛はスポンジ状で水を保持できる．両生類は水の中に産卵する．砂漠の池は激しい雨の後にできるが，すぐに干上がる．北アメリカのソノラ砂漠に棲むスキアシガエルは乾燥期に休眠する．地中 1 m の穴を掘り，最大 9 か月も過ごす．砂漠に棲むアリやシロアリは地中の有機物や微生物による分解物，ほかの昆虫を餌にしている．暑さの厳しい日中は地中に潜り，精巧に作られた巣山は空気の通り道を確保し，巣を冷却している．砂漠のイナゴは降雨の後に植生がいっせいに芽を吹く時期を利用する．その時期は多くの若い個体が生じ植生に密集する．イナゴの体色は黒っぽくなり何百万匹もの群れを形成する．低気圧の到来を感じると，その空気の流れに乗り降雨のある方向に向かって飛び立つ．イナゴの群れの破壊力は凄まじく，通り道の植物を食べ尽くす．降雨の時期が過ぎると，個々が独立した生活を送る．

　砂漠の植物のほとんどは短命種である．休眠状態で乾燥期を過ごした種子は雨が降った後に発芽する．2，3週間の間に生育し，花を咲かせ種をつけてその一生を終える．種子は代謝が停止して脱水生命状態まで乾燥することもある．種子の中にはある化学物質があり，発芽を阻止するが，雨が降るとそれが流されて種子が生育を始める．短命植物の多くは種子をつけた後に枯れてしまう一年草だが，多年草は地下の球根や球茎として生存する．多年草は根を地中深く 75 m の水源まで伸ばすか，浅く広く根を伸ばして露を集める．葉や茎の表層はワックス質で，水分の蒸発を抑える．サボテンなどの多肉植物はスポンジ状の葉や茎で水を蓄える．

　何も生物がいないように見える砂漠にも，細菌，藻類，原生動物，カビなどの微生物が生きている．微生物は特別の地皮を作って地中の水を保持している．あるランソウ類はゼラチン状のさやの中に砂を入れた粒をつくり，水を保持している．微生物は乾燥期でも数は減るが脱水状態で生き抜き，水分が多いときの繁殖に備える．また，芽胞や胞子を作ったり，粘液質を分泌したりするものもある．

表 13-3　砂漠に生きる生物の耐乾燥術

ラクダ	汗をかかず，昼間の熱を夜放出，濃い尿を作り濃い塩分の植物からも水分を補給，巻き紙状の鼻により呼吸で失う水分を回収
カンガルーネズミ	暑い昼間は地下の穴で過ごし夜間だけ活動，水を飲まなくても植物の種を食べて代謝による水分だけで十分
砂鶏	雛鳥のために腹の羽毛を水に浸して運ぶ
スキアシガエル	乾燥期に休眠
砂漠の一年草	乾燥期は休眠状態の種子で，降雨時は発芽，成長，開花する
砂漠の多年草	根を地中深くの水源までか，浅く広く根を伸ばして露を集める，葉や茎はワックス質で，水分の蒸発を抑えて水を蓄える
砂漠の微生物	水を保持しやすい土を作る，脱水状態でも生き抜く

　ま と め　砂漠に棲む生物は乾燥に耐える機構を身に付けている．ラクダは昼間の熱を耐えてそれを夜に放出する．濃度の濃い尿を出すので塩分濃度の高い植物から給水できる．カンガルーネズミは植物の種を食べて消化した水を利用する．砂漠の一年草は乾燥期を種子の状態で耐え降雨時に発芽し成長する．多年草は根を地中深くの水源までか，浅く広く根を伸ばして露を集める．砂漠の微生物は水を保持しやすい土を作り，乾燥期でも少数は脱水状態で生き抜く．

4 話　高温環境での生物の生き方は？

　体温を一定に保つ動物は哺乳類と鳥類だけで，体内の中心温度は哺乳類は37 ℃，鳥類は41 ℃で環境温度よりも高い．環境温度よりも高い温度に保つにはエネルギーが要り，より多くの食料が必要となる．体内の温度が高いので生物反応が高速で起こり，より速く成長するし，温度の低い地域や夜でも活動することができる．

　ヒトは動物界きっての汗っかきで，炎天下を20分も歩けば汗びっしょりになる．汗が蒸発することによって皮膚から熱を奪う．イヌは口を開けて舌を出してハーハーやる浅い呼吸を1分間に300回以上も行って暑さをしのぐ．ゾウは大きな耳をパタパタと振る．耳の血管が膨れ上り大量の血液が流れる間に，耳から熱を放出することで温度を下げる．一方，ヘビやトカゲなどの変温動物はそうした冷却機構を持っていないので，日陰など温度の低い場所にじっとしている．

　一般に48 ℃の高温が長期間続く環境では動植物はほとんど生きられない．48 ℃以上でタンパク質の変性が起こるからである．タンパク質の変性とは卵の白身を熱すると固化するように，タンパク質の立体構造が変化するからである．ネゲブ砂漠に棲む小型のカタツムリは太陽が照るなかで砂や岩の上で休眠状態になる．そのときの温度は地表で65 ℃，気温が43 ℃である．カタツムリの白い殻は光沢があり，太陽光の95 ％は反射する．カタツムリは殻の上部に移動し，その下に空気層を作り地表からの熱の移動を抑えている．このときのカタツムリの組織の温度は50 ℃になるが致死温度はそれより少し高いので生き抜くことができる．

　砂漠のアリは日中でも67 ℃に達する砂の上で餌を集める．アリはその細い体を脚を使って持ち上げ，また日陰を探すことによって極度の暑さを避けている．それでも，高温のため死んでしまうぎりぎりの52 ℃の近くの温度まで短時間餌をあさる．この行為は死ぬリスクを伴うが，高温のため死んだほかの昆虫の死体を得る機会を最初に得られるからである．また，暑い日中に活動しないトカゲなどの捕食者を気にかける必要がないメリットもある．

　深海の熱水噴出口から出る水は300 ℃を超えるが高圧のため液体状態である．周囲の海水温は2 ℃くらいなので急速に冷やされる．噴出口から出る無機物が堆積してできる煙突状の壁付近でボンベイムシが棲んでいる．ボンベイムシの周辺の温度を計測したところ，ボンベイムシの口では22 ℃，尾の部分では平均68 ℃だっ

たという．ボンベイムシは最も高温に耐える真核多細胞生物である．

　砂漠の植物は太陽や高温の環境から逃げることができない．カルフォルニアのデスヴァレーに生息する多年草のテイデストロミアは 50 ℃を超える環境に生息する．体の表面は薄い色でとげや毛やワックス状で太陽の光を反射する．テイデストロミアの表面では蒸散が盛んに起こって表面温度が下がる．しかし，水をなるべく失いたくないサボテンのような多肉植物は蒸散による温度低下は期待できない．内部の温度は 60 ℃に達するが，その温度では長期間生存できない．

　火山活動によって生成されたマグマの近くでは 100 ℃の熱水が吹き出ているところが世界各地にある．熱水中で超好熱細菌が見つかっている．この細菌が生育し増殖に適した温度範囲は 80 ～ 100 ℃である．超好熱細菌は 60 ℃以下では生育しないことからこの生物システムはアーケア細胞を持ち，高温で機能するよう適応している．真核生物の脂質膜は**図 13-1** (a) に示すように二層でできている．ここで，マッチ棒状の頭の部分は親水基，棒の部分は疏水基を示す．一方，アーケア細胞は**図 13-1** (b) に示すように一層でできている．一層の脂質膜は二層に比べて分離しにくく熱安定性が良い．超好熱細菌の酵素などのタンパク質は高温で機能するようにできている．タンパク質の構造を作っているアミノ酸配列をほんの少し変えてタンパク質分子内の異なる部位間の結合や架橋を増やし，熱による変性に耐える折りたたみ構造をしている．

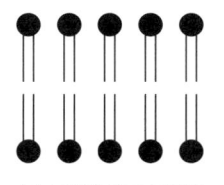
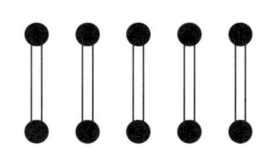

　　(a) 真核生物の二層膜　　　　　(b) アーケア細胞の一層膜

図 13-1　生物の脂質膜

（ま）（と）（め）　ヒトは汗をかくことによって暑さをしのぐ. イヌは舌を出してハーハーする呼吸を速く行う. ゾウは大きな薄い耳をパタパタして冷却する. 砂漠に棲むカタツムリは白い殻で太陽光を反射し，殻の上部に移動して地表からの熱を抑え，休眠状態になる. 砂漠に棲む多年草のテイデストロミアは体表面で太陽光を反射し表面温度を下げる. 80 ～ 100℃の熱水中でも超好熱細菌が増殖する. この細菌は一層の脂質膜，熱変性に耐えるタンパク質の構造をしている.

5話　低温環境での生物の生き方は？

　北極のハエの一種はヤナギのこぶの中で越冬するが，冬に不凍物質であるグリセロールを生産し，水の過冷却点を -56 ℃程度にまで下げる．ここで，過冷却とは純水の温度を下げても 0 ℃で凍らず -40 ℃程度になって初めて凍る現象である．凍結を回避する昆虫は，過冷却点以下の温度や氷核物質との接触により凍結して死ぬ．冬になると多くの昆虫は部分的に乾燥する．その結果，グリセロールや不凍タンパク質などの濃度が相対的に大きくなり，凍結回避しやすい．

　ジャガイモシストセンチュウは，ジャガイモに寄生する線虫である．メスは多くの卵を抱えて死んで，体壁が硬くシスト状になり中の卵を保護する．卵は幼生になるが，ジャガイモの根が放出する化合物が刺激するまで出ない．シストは 500 個の卵を包み土壌中で何年も幼生を保護する．この線虫がジャガイモに感染すると，何年も生産できない．シストと卵が氷に閉じ込められるが，幼生を包んでいる殻は接種凍結*を阻止し，幼生は -38 ℃まで過冷却状態で生存できる．

　海岸近くの海に棲む極地の魚は氷との接触を避けることができない．ナンキョクスズキは南極大陸の沿岸部で生息する数少ない硬骨魚類である．凍らせたナンキョクスズキの血液は -0.8 ℃で溶けるが，-2 ℃になるまで凍結しない．この現象は熱ヒステリシスと呼ばれる．海水は -1.8 ℃以下にはならないので凍結せず生きて行ける．熱ヒステリシスの原因は，炭水化物がタンパク質と結びついた糖タンパク質による．魚類の糖タンパク質は氷の表面に付着し，氷の結晶の成長を阻害する．

　体液が凍結しても生きる昆虫を凍結耐性昆虫という．カナダ北極圏のガの幼虫は -5 〜 -10 ℃で凍るが -70 ℃でも生存できる．凍結耐性昆虫ではタンパク質が氷核物質となり細胞外体液の凍結が進む．細胞外血リンパの凍結が進むと氷は塩分を含まないので，血リンパの塩分濃度が高くなる．その結果，細胞との間で浸透圧の勾配ができて，細胞の水分が吸い出されて細胞内の塩分濃度が上がって細胞の凍結が防げる．凍結耐性昆虫では，トレハロース，ブドウ糖などの糖類やグリセロール，ソルビトールなどの糖アルコール，アラニンなどのアミノ酸などが凍結防止物質として働く．これらの物質は，氷の生成速度を遅くし，生成量を減らす．グリセロールは細胞内に入り，細胞の脱水による影響を緩和するように働く．

　両生類や爬虫類など変温動物の多くは地中や湖の底深くで冬眠する．ある種のカエルは凍結するリスクのある浅い地中で冬眠する．春が来ると早く氷が溶けて早く

餌を取れるからである．アメリカアカガエルは凍結耐性で寒さを乗り切る．凍結は氷が皮膚を通した接種凍結による．氷核細菌や氷核タンパク質が原因となる．皮膚から氷結が始まり体腔が凍るが，細胞は凍らない．その間血液中のブドウ糖濃度が高くなる．ブドウ糖は細胞の脱水と氷の量を抑える役目をする．

　植物の多くは地中で種子，球根，球茎などとして休眠する．種子は水分含量が少なく相当低い温度でも凍らない．少量の水はガラス状態として存在する．地上部分は低温に曝されるが，常緑樹の場合は，葉脈により仕切られていて細胞の間の空間が狭いので氷が成長できず，−20 ℃まで過冷却の水として存在する．氷は細胞外空間にでき，浸透圧濃縮が起こり細胞から水分が吸い出される．脱水状態となった細胞は凍らない．植物には細胞膜と細胞壁があり接種凍結が起こらず細胞は凍結を免れる．植物は季節により耐寒性が変化する．冬が近づくと，細胞膜の脂質は固化しやすい飽和脂肪酸が減り流動化しやすい不飽和脂肪酸が増える．また，ブドウ糖などの糖類やソルビトール，マンニトールなどが凍結防止剤として働く．

表 13-4　低温環境に生きる生物の耐寒術

凍結の回避	昆虫	グリセロールを生産し，水の過冷却点を低温にする
	線虫	シストにより卵を保護し，幼生を凍結回避させる
	硬骨魚類	糖タンパク質の熱ヒステリシスで凍結を回避する
	植物	常緑樹の葉は細胞の間の空間が狭く氷が成長できない
凍結を耐える	昆虫	体液の凍結が進むが，細胞の凍結を防ぐ
	カエル	皮膚から氷結が始まり体腔が凍るが，細胞は凍らない
	植物	氷は細胞外空間にできるが，細胞は凍らない

＊ 接種凍結：過冷却状態にある水に氷核物質が触れると急速に結晶化して氷になる現象

（ま）（と）（め）　生物の体内には水を含んでいるので 0℃以下の環境に生きる生物は凍結するリスクがある．リスク回避には，凍結を回避する方法と凍結を耐える方法とがある．凍結を回避する方法では，さまざまな方法で水の過冷却温度を下げて体が凍らないようにする．凍結を耐える方法では，細胞外体腔は凍っても細胞は凍らないようにしている．

コラム

塩湖で生息する生物

　川の水でも土壌から溶けた塩化ナトリウムや塩化マグネシウムを含んでいる．湖では入り口から塩化ナトリウムや塩化マグネシウムを含んだ水が流れ込み，出口がないと蒸発によって失われる水のほうが多くなり塩分が濃縮される．塩分濃度が 0.5 ％以上の湖を塩湖と呼ぶ．海水の塩分濃度は約 3.4 ％だが，塩湖の中には海水の塩分濃度の数倍もあるものもある．

　アメリカのユタ州にあるグレイトソールト湖の塩分濃度は海水よりも高い．この湖にはブラインシュリンプと呼ばれるエビが生息している．このエビは，塩分濃度が高すぎて魚などの捕食者が棲めない湖や池にのみ棲んでいる．このエビは藻類とハロバクテリア（耐塩性アーケア）を食べ，競争相手がいないので一時大繁殖した．そのため漁が行われていたほどである．

　死海の塩分濃度は約 30 ％で，ここでは動植物は生息できず，ある種の藻類とハロバクテリアしか存在しない．死海の一部が時々赤っぽく変色するが，これは塩湖で見られるドウナリエラ・パルヴァやその近縁種が繁殖したことによる．このような高塩濃度で生息する生物は好塩性生物と呼ばれる．好塩性生物は，細胞内外の塩濃度の差による浸透圧ストレスに耐える仕組みを体内に持っている．何の対策も持っていないと外界の高い塩濃度によって細胞から水分が失われて正常な活動ができなくなる．藻類であるドウナリエラは細胞内にグリセロールを蓄積し，細胞内の浸透圧を高くすることによって内外の水の濃度のバランスをとり，水が失われることを阻止している．グリセロールは藻類，酵母，カビ，ブラインシュリンプによって浸透圧調整物質として用いられている．細菌のような原核生物は，多様な糖類，糖アルコール，アミノ酸などを浸透圧調整物質として利用している．

地球と環境のはなし

科学の眼で見る日常の疑問

定価はカバーに表示してあります.

2019 年 6 月 25 日　1 版 1 刷発行　　　　　　　ISBN978-4-7655-4485-6 C1040

著　　者	稲　場　秀　明
発 行 者	長　　　滋　彦
発 行 所	技報堂出版株式会社

〒101-0051　東京都千代田区神田神保町1-2-5

日本書籍出版協会会員
自然科学書協会会員
土木・建築書協会会員

Printed in Japan

電　　話　　営　　業　(03)（5217) 0885
　　　　　　編　　集　(03)（5217) 0881
　　　　　　Ｆ　Ａ　Ｘ　(03)（5217) 0886
振 替 口 座　00140-4-10
Ｕ　Ｒ　Ｌ　http://gihodobooks.jp/

©Hideaki Inaba, 2019

装丁：田中邦直　印刷・製本：三美印刷